W0054257

Vielen Dank
an das gesamte Team!

111 unvermeidliche Sätze
fürs Berufsleben

Matthias Nöllke

Inhalt

Vorwort

„Nicht reden – machen." – „Da bin ich ganz bei Ihnen." – „Wir müssen das Rad nicht neu erfinden." Kennen Sie solche Sätze aus Ihrem Berufsleben? Sätze, die man immer wieder hört – und vielleicht deshalb schon nicht mehr hören kann. Phrasen, die man selbst immer wieder verwendet, weil sie sich fest im eigenen Hirn eingenistet haben.

Solche schrecklich schönen Sätze habe ich gesammelt – von Bekannten, Freunden, Arbeitskollegen. Da kam schon einiges zusammen für diesen nicht ganz ernst gemeinten Ratgeber. Doch reichte das noch nicht aus. Und so habe ich im sozialen Netzwerk Xing einen Aufruf gestartet, mich mit solchen Sprüchen zu versorgen. Kurze Zeit später konnte ich den Wirtschaftsjournalisten und Social Media Manager Jochen Mai für die Idee gewinnen, auf seinem Blog www.karrierebibel.de die Leser zum Mitmachen aufzurufen. Und viele haben mitgemacht: Mich erreichte eine hübsche Sammlung unvermeidlicher Sätze – nicht nur aus Deutschland, sondern auch von den Malediven und aus Hongkong.

Und was soll ich sagen? Im indischen Ozean und am südchinesischen Meer kursieren offenbar die gleichen grausamen Phrasen wie zwischen Nord- und Bodensee. Ich finde das sehr beruhigend. Oder um es gleich mit einem unverwüstlichen Spruch zu sagen: „Da kommt Freude auf."

Matthias Nöllke

Das Vorstellungsgespräch

Am Anfang steht das Vorstellungsgespräch. Von dem hat ein erfahrener Personaler mal behauptet, in dem Wort sollte das O besser durch ein E ersetzt werden. Denn beide Seiten sind bestrebt, sich selbst keine Blöße zu geben und gleichzeitig die Schwachpunkte des Gegenübers aufzudecken. Beides gelingt nur, wenn man die richtigen Sätze kennt. Und wenn man weiß, was hinter den Aussagen der andern Seite steckt. Sonst drohen böse Überraschungen:

- Sie wissen nicht, wie Sie in 30 Sekunden Ihre unvergleichlichen Vorzüge zur Geltung bringen können (siehe Satz Nummer 5).

- Oder Sie nehmen an, es gehe in dem Laden ziemlich locker zu, weil der Chef anmerkt, hier gebe es „keine Stechuhr" (siehe Nummer 11).

- Dann dürfen Sie sich nicht wundern, wenn Sie später ein Schreiben bekommen mit dem trostreichen Satz Nummer 13: „Bitte betrachten Sie diese Absage nicht als Wertung Ihrer beruflichen Qualifikation."

1 Sie haben gut hergefunden?

Wer sagt denn so was?

Alle Personen, die den Stellenbewerber begrüßen und sich den Anschein geben, mit ein wenig Smalltalk die Situation auflockern zu wollen.

Was steckt dahinter?

Da erscheinen Sie zum ersten Mal als Stellenbewerber bei einem Vorstellungsgespräch und staunen nicht schlecht: Die erste Frage, die an Sie gerichtet wird, kommt Ihnen ziemlich sinnlos vor. Pünktlich und knitterfrei sind Sie angekommen und sollen nun darüber Auskunft geben, ob Sie sich nicht unterwegs verlaufen haben? Sie haben es nicht bemerkt: Bei der Frage handelt es sich um Smalltalk. Und beim Smalltalk dürfen Sie nicht mit Logik kommen. Sie sollen Ihrem Gegenüber eigentlich nur zeigen: Ich bin ein netter Mensch.

Sie müssen nämlich wissen: Wenn die andern Smalltalk machen, dann wollen sie herausfinden, ob Sie nicht ein unangenehmer Querulant sind oder ein trockener Langweiler oder ein unbeholfener Stoffel, der sich nur die Musterantworten aus dem Bewerbungsratgeber reingebimst hat.

Was soll ich dazu sagen?

Ein freundliches „Oh ja, danke!" reicht für den Anfang. Profis punkten mit: „War gar kein Problem. Mit Ihrer Anfahrtsskizze." Und dann reden Sie über das Wetter.

2 Nehmen Sie am besten hier Platz.

Wer sagt denn so was?

Alphatiere, die gegenüber dem Stellenbewerber gleich mal ein subtiles Dominanzsignal aussenden möchten.

Was steckt dahinter?

Wer die Plätze anweist, der sagt, wo es lang geht. So viel ist schon mal klar. Ihr Gegenüber hat hier Heimrecht; und Sie müssen sich fügen. Doch entscheidend ist der aufmunternde Zusatz „am besten". Denn so bekommen Sie als Bewerber den Eindruck, als bestehe im Prinzip freie Platzwahl.

Wo wollen Sie sich niederlassen: auf dem Schoß des Personalchefs, auf der Fensterbank, im Papierkorb? Schade, schade, das sind alles keine Sitzgelegenheiten, die ernsthaft in Betracht kommen, wenn Sie sich von Ihrer besten Seite zeigen möchten. Und darum geht es doch jetzt, oder?

Daher bleibt Ihnen wie so oft im Berufsleben nur eine Möglichkeit: Sie entscheiden sich für den Stuhl, den man für Sie ohnehin vorgesehen hat. So läuft das hier nämlich.

Was soll ich dazu sagen?

Sie dürfen wieder danke sagen. Danke sagen hilft fast immer. Sogar bei versteckten Beleidigungen. Aber dazu kommen wir noch.

3 Ich suche eine neue berufliche Herausforderung.

Wer sagt denn so was?

Stellenbewerber, die lieber nicht verraten wollen, warum sie ihre alte Stelle aufgeben.

Was steckt dahinter?

Wer sich auf eine neue Stelle bewirbt, macht sich verdächtig: Warum will er seine alte Position aufgeben? Hat er versagt? Ist er streitsüchtig? Sexsüchtig? Faul? Kurz vor der Babypause? Darum wollen die künftigen Arbeitgeber immer gerne wissen, warum Sie Ihre Stelle wechseln wollen. Und wenn Sie jetzt ins Stammeln geraten, dann können Sie den neuen Job knicken. Deshalb sagen viele, sie suchten eine Herausforderung. Das klingt aktiv, anpackend, lösungsorientiert. Und doch unbestimmt genug, so dass man Sie auf nichts festnageln kann. Das wissen natürlich auch die Leute, die Ihnen gegenübersitzen. Niemand, der seine fünf Sinne beisammen hat, sucht in seinem Beruf Herausforderungen. Er will seine Arbeit ordentlich erledigen. Das ist schon grandios genug. Wer unter Dampf steht, sollte lieber den Nanga Parbat besteigen.

Soll ich so was sagen?

Beißen Sie sich eher die Zunge ab. „Herausforderung" hat schlimme Bedeutungen; es ist ein Unwort (siehe Nummer 76) und ab heute aus Ihrem aktiven Wortschatz gestrichen.

4 Ich brauche Menschen um mich rum.

Wer sagt denn so was?

Stellenbewerber, die den Job auch annehmen, wenn man sie in ein Großraumbüro sperrt. Kandidaten, die es für einen Vorzug halten, dass sie es nur schwer mit sich allein aushalten.

Was steckt dahinter?

Wenn Sie schüchtern und menschenscheu sind, haben Sie im Vorstellungsgespräch ganz schlechte Karten. Egal, für welchen Job Sie sich bewerben, in aller Regel ist eher der gesellige Typ gefragt. Der gilt als unkompliziert, freundlich, belastbar und aufgeschlossen. Und man kann gleich mehrere davon in einem Raum unterbringen, ohne dass sie sich die Köpfe einschlagen. Nein, in Gesellschaft blühen sie erst so richtig auf und reißen ihre Kollegen auch noch mit … Das heißt, einer von denen genügt, um einen trägen Haufen in ein Topteam zu verwandeln. Und wenn dann noch Kundenkontakt hinzukommt, ist jeder, der „Menschen um sich braucht", kaum noch zu schlagen.

Soll ich so was sagen?

Diesen Satz können Sie ruhigen Gewissens äußern, sobald auf der Gegenseite das Wort „Teamfähigkeit" gefallen ist. Alternative für Senkrechtstarter: „Ich arbeite gerne mit Menschen." Das lässt Ihnen später alle Türen offen.

5 Sie haben 30 Sekunden Zeit, mich davon zu überzeugen, dass Sie der / die Richtige sind.

Wer sagt denn so was?

Um Coolness bemühte Alphatiere, die schon mal das Wort „Elevator Pitch" gehört haben und es sowieso nicht ertragen können, wenn jemand in ihrer Gegenwart länger als 30 Sekunden am Stück spricht.

Was steckt dahinter?

Aus den USA stammt der Begriff „Elevator Pitch". Angeblich waren Mitarbeiter auf die gemeinsame Fahrt mit dem Fahrstuhl (Elevator) angewiesen, um ihren Chef von einem Projekt zu überzeugen. Eine solche Fahrt soll im Durchschnitt 30 Sekunden gedauert haben. Später hat man gemerkt, dass die Sache noch besser funktioniert, wenn man den Fahrstuhl weglässt. Der Name aber ist geblieben.

Was soll ich dazu sagen?

Bereiten Sie sich vor und nennen Sie drei Eigenschaften, die zu dem Job passen. Dabei darf die letzte etwas aus dem Rahmen fallen. Maßstäbe hat ein deutscher Schauspieler gesetzt, der sich als Bösewicht für einen James-Bond-Film bewarb. Seine Antwort: „Ich bin böse, ich bin kahlköpfig, ich bin Deutscher." Er fügte hinzu: „Und die letzten 20 Sekunden schenke ich Ihnen."

6 Sie haben sicher doch auch Schwächen.

Wer sagt denn so was?

Gesprächspartner, die es für eine gute Idee halten, Stellenbewerber zu verunsichern. Zu ihren eigenen Schwächen gehört, dass sie keine Ahnung haben, wie man Vorstellungsgespräche führt.

Was steckt dahinter?

Als Stellenbewerber wollen Sie einen möglichst guten Eindruck machen. Dieses Vorhaben will Ihr Gegenüber durchkreuzen. Denn ihm geht es darum, im Gespräch die Oberhand zu behalten. Deshalb will er Sie in Verlegenheit bringen und fordert Sie auf, freimütig Ihre Schwächen zu bekennen. Dabei ist ihm schon klar, dass niemand, der bei Verstand ist, dieser Aufforderung nachkommt. Ihr Gesprächspartner will nur mal sehen, wie Sie so reagieren. Und ob Sie sich eine passende Antwort zurechtgelegt haben.

Was soll ich dazu sagen?

Behalten Sie unangenehme Eigenschaften für sich und punkten Sie mit liebenswerten Schwächen. Erzählen Sie von Ihrem Hobby („Meine größte Schwäche ist die italienische Küche / der Halbmarathon / sind skandinavische Kriminalromane.") oder tarnen Sie eine Eigenschaft als Schwäche, die hier als Stärke gilt: Ungeduld, Genauigkeit oder praktische Intelligenz („Ich bin einfach *nicht* der Theoretiker.").

7 Nennen Sie mal eine Hausnummer.

Wer sagt denn so was?

Gesprächspartner, die annehmen, dass es dem Bewerber peinlich ist, über sein Gehalt zu reden. Und die das ausnutzen wollen.

Was steckt dahinter?

Über Geld spricht man nicht gern. Zu Recht. Experimente der Psychologin Kathleen Vohs zeigen, dass Menschen zu Egoismus und Engstirnigkeit neigen, sobald sie an den Geldwert einer Sache erinnert werden. Besonders unangenehm wird es, wenn „die Sache", die in Geld übersetzt werden soll, wir selbst sind bzw. unsere Arbeitskraft ist. Daher reden diejenigen, die auf Ihren Gehaltswunsch zu sprechen kommen, lieber von Hausnummern. Die repräsentieren nämlich keinen Wert, jede Zahl ist so gut wie alle anderen. Mit einer niedrigen Hausnummer kann man sich nicht blamieren. Außerdem haben Hausnummern den Vorzug, dass sie nie besonders hoch sind.

Was soll ich dazu sagen?

Multiplizieren Sie Ihre Hausnummer mit Ihrem Wunschgewicht, fügen Sie die Summe von Intelligenzquotient mal Schuhgröße hinzu, ziehen Sie die Differenz von Postleitzahl und den fünf Endziffern Ihrer Versicherungsnummer ab. Und dann sagen Sie deutlich, wie viel Sie verdienen wollen.

8 Wir sind ein führendes Unternehmen.

Wer sagt denn so was?

Repräsentanten des Unternehmens. Üblicherweise solche, die selbst wenig zu dieser Führungsrolle beigetragen haben.

Was steckt dahinter?

Nicht nur Stellenbewerber wollen einen guten Eindruck machen, die Firmen wollen es auch. Die einfachste Art, das zu tun, besteht darin, sich zu einem führenden Unternehmen zu erklären. Denn führend sind sie irgendwie alle – auf die eine oder andere Art. Der Ausdruck „*ein* führendes Unternehmen" bedeutet im Übrigen nicht, *das* führende Unternehmen zu sein. Mit anderen Worten, es kann viele führende Unternehmen geben. Ja, manche Branchen scheinen ausschließlich aus führenden Unternehmen zu bestehen. Eine beliebte Alternative lautet: „Wir sind das Original." Das Original kann alles Mögliche sein. Es muss nicht größer sein als die Konkurrenz, auch nicht wirtschaftlich erfolgreicher. Aber aus irgendeinem Grund machen es angeblich alle nach.

Was soll ich davon halten?

Für führende Unternehmen gilt die Aussage von Margaret Thatcher darüber, wie es ist, eine Dame zu sein: „Wenn man den Leuten sagen muss, dass man es ist, dann ist man es nicht."

9 Bei dieser Sache sind wir ganz altmodisch.

Wer sagt denn so was?

Gesprächspartner, die den Eindruck erwecken wollen, als sei in dem Unternehmen, für das Sie sich bewerben, die Welt noch in Ordnung.

Was steckt dahinter?

Unternehmen wollen gerne auf der Höhe der Zeit sein, State of the Art, wie man heute sagt. Oder besser noch: Einen Schritt voraus, denn mithalten genügt ja nicht mehr.

Von diesem Wettlauf um das Neue ausgenommen, ist alles, was mit Ethik und Wohlverhalten zu tun hat. Da beruft man sich lieber auf das Althergebrachte, das Bewährte, die Regeln, an die sich schon unsere Vorfahren nicht gehalten haben. Und so sagt man: „Bei dieser Sache sind wir ganz altmodisch."

Dieser Satz hat nicht zuletzt die Bedeutung: Die andern sind schlechter als wir. Die hängen ihr Fähnchen nach dem Wind und passen ihre ethischen Standards der Mode an. Dabei befindet man sich mit diesem selbstgerechten Statement ganz auf der Höhe der Zeit.

Was soll ich davon halten?

Es gilt noch immer der alte Sinnspruch: „Die Vergangenheit ist auch nicht mehr das, was sie mal war."

10 Ich bin motiviert, kontaktstark und teamfähig.

Wer sagt denn so was?

Stellenbewerber, die sich schlechte Bewerbungsratgeber allzu genau durchgelesen haben.

Was steckt dahinter?

Es ist immer ein wenig schwierig, über sich selbst zu reden. Vor allem wenn davon so viel abhängt wie bei einem Vorstellungsgespräch. Tragen Sie zu dick auf, wirken Sie unsympathisch und gelten als Angeber. Sind Sie zu bescheiden, bekommen Sie die Stelle erst recht nicht. Außerdem lehrt die Psychologie, dass sich ohnehin niemand selbst zutreffend einschätzen kann. Daher gehen viele Kandidaten auf Nummer sicher und sagen über sich genau das, was die Leute an der anderen Seite des Tisches hören wollen. Das ist auch völlig richtig so. Doch das Problem ist: Diese Leute wollen alles Mögliche von Ihnen hören – nur nicht, dass Sie motiviert, kontaktstark und teamfähig sind. Denn diese Begriffe sind so ausgelutscht und nichtssagend, dass man an ihnen nur eines erkennt: Ihr Bewerbungsratgeber ist mindestens zehn Jahre alt.

Was soll ich denn sonst sagen?

Wollen Sie als extrovertierte Rampensau durchgehen (= motiviert + kontaktstark + teamfähig), müssen Sie genau das zeigen – und reden, reden, reden.

11 Wir haben keine Stechuhr.

Wer sagt denn so was?

Gesprächspartner, die dem Stellenbewerber zu verstehen geben, dass sein Kommen und Gehen nicht überwacht wird. Sondern dass er schuften darf, solange er will.

Was steckt dahinter?

In den guten alten Zeiten (siehe Satz Nummer 9) waren die Arbeitnehmer gehalten, bei Arbeitsbeginn und -ende eine Karte aus Karton in eine Apparatur einzuführen. Diese so genannte Stempel- oder Stechuhr druckte die aktuelle Uhrzeit auf. So konnte man erkennen, wie lange der Arbeitnehmer gearbeitet hatte. Denn Anwesenheit galt als Arbeitszeit. So war das damals.

Doch seltsamerweise hat die Stechuhr ein ziemlich schlechtes Image. Sie gilt als rigides Überwachungsinstrument. Der Hinweis, keine Stechuhr zu haben, soll so verstanden werden: Wir vertrauen unseren Mitarbeitern und wollen sie in ihrer Flexibilität nicht einengen. Daher gibt es heute keine Stechuhren mehr, sondern jede Menge Arbeit. Und die dürfen Sie sich einteilen, wie Sie wollen.

Was soll ich davon halten?

Unternehmen, die keine Stechuhr haben, verfügen in der Regel über bessere Instrumente zur Kontrolle.

12 Wann kann ich mit einer Entscheidung rechnen?

Wer sagt denn so was?

Stellenbewerber, die diesen Satz vorher auswendig gelernt haben und nicht vergessen, ihn zu stellen, bevor sie zur Tür hinausgeschoben werden.

Was steckt dahinter?

Zu den vielen unangenehmen Dingen, die so ein Vorstellungs-gespräch mit sich bringt, gehört die Ungewissheit, ob Sie nun genommen werden oder nicht. Zwar haben Sie einen Ein-druck, wie es gelaufen ist; doch der trügt gelegentlich. Denn Sie wissen nicht, welche hochqualifizierten Bewerber noch im Rennen sind. Oder welche trüben Tassen. Mit einem Wort, Sie wollen wissen, woran Sie sind. Ob Sie weiter Bewerbungen schreiben müssen oder sich schon mal Gedanken über Ihren Dienstwagen machen dürfen. Aber drängeln macht einen ganz schlechten Eindruck. Vielleicht werden sie gerade deswegen nicht genommen: „Wenn der genauso mit unseren Kunden da draußen umspringt, dann gute Nacht." Und so sagen Sie einen Satz, der gar nicht distanziert genug klingen kann.

Soll ich so was sagen?

Am Ende bloß keinen Fehler machen. So gesehen geht der Satz in Ordnung. Auch wenn die andern ihn hundertmal zu hören bekommen.

13 Bitte betrachten Sie diese Absage nicht als Wertung Ihrer beruflichen Qualifikation.

Wer sagt denn so was?

So etwas sagt niemand. Aber dieser Satz muss dennoch in die Sammlung. Denn er gehört zu den beliebtesten Textbausteinen in der Geschäftskorrespondenz.

Was steckt dahinter?

Irgendjemand muss sich diesen Satz vor langer Zeit ausgedacht haben. Vielleicht empfand er Mitleid mit den abgelehnten Bewerbern, wollte ihnen Trost zusprechen oder ein paar aufmunternde Worte und doch nicht auf sein geliebtes Amtsdeutsch verzichten. Herausgekommen ist jedenfalls eine Aussage, die den abschlägigen Bescheid keineswegs versüßt, sondern merklich verbittert. Erst durch die ausdrückliche Bitte, die Ablehnung bloß nicht als Abwertung zu „betrachten", bemerken wir, dass uns da jemand von oben auf den Kopf spuckt.

Zumal häufig noch ein weiterer Satz folgt, der das ganze Ausmaß unserer Schmach erahnen lässt: „Zu unserer Entlastung schicken wir Ihre Unterlagen zurück." Da spüren wir, wie die gesamte Firma aufatmet, diese schwere Bürde losgeworden zu sein.

Im Kreis der Kollegen

In irgendeiner der zahlreichen Umfragen über die Arbeits(un)zufriedenheit in Deutschland kam heraus: Den entscheidenden Einfluss haben die Kollegen. Das leuchtet auch ein. Denn ein miserabler Vorgesetzter lässt sich durchaus ertragen, wenn die Kollegen großartig sind und zusammenhalten wie Pech und Schwefel. Hingegen kann ein großartiger Vorgesetzter wenig ausrichten, wenn die Kollegen mies sind.

Umso mehr kommt es darauf an, sich im Kreise der Kollegen sicher zu bewegen und die unverzichtbaren Sätze zu beherrschen wie

- „Vielen Dank an das gesamte Team!" (Nummer 15),
- den Abwehrsatz von Sonderwünschen (Nummer 21: „Wir haben ja sonst nichts zu tun.") oder
- den überdrehten Mitreißer „Wie geil ist das denn?!" (Nummer 27).

14 Erst mal: Wer will Kaffee?

Wer sagt denn so was?

Kollegen, die Sie gerade um eine Auskunft gebeten haben oder um einen Gefallen. Beliebte Antwort auf die Frage: „Hast du gestern eigentlich noch die Bestellung rausgeschickt?"

Was steckt dahinter?

Büroarbeit ohne Kaffee, das ist nicht vorstellbar. Wer im Büro sitzt, braucht unentwegt Kaffee. Um wach zu werden oder wach zu bleiben. Kaffee muss allerdings gemacht werden, oder zumindest geholt. Eine der wichtigsten Fragen im Büro lautet daher: Wer macht den Kaffee? Oder eben: Wer holt den Kaffee?

In früheren Zeiten wurden zu diesem Zweck Praktikanten beschäftigt. Doch seit die Praktikanten die schweren Aufgaben übernehmen müssen (oder die Belegschaft fast nur aus Praktikanten besteht), steht diese Aufgabe allen Kollegen offen. Und darin liegt eine unvergleichliche Chance: Denn wer Kaffee macht / holt, der genießt augenblicklich Immunität. Auf diese Weise kann man sich unangenehmen Pflichten entziehen und bleibt dennoch bei allen Kollegen beliebt.

Was soll ich dazu sagen?

„Für mich schwarz bitte. Mit Zucker." Trendbewusste Witzbolde, die eine Latte macchiato in Auftrag geben wollen, verlangen grundsätzlich ihre „Morgenlatte".

15 Vielen Dank an das gesamte Team!

Wer sagt denn so was?

Kollegen, die gerade ein Projekt abgeschlossen haben und nun darauf warten, von Lob überschüttet zu werden.

Was steckt dahinter?

Es besteht immer ein gewisses Spannungsverhältnis zwischen der Leistung des einzelnen und dem, was man gemeinsam erarbeitet, als Team. Einerseits muss jeder auf seinen ganz persönlichen Beitrag aufmerksam machen, sonst wird er gar nicht wahrgenommen und man hält ihn für genauso faul wie alle andern. Andererseits darf er auch nicht als Einzelkämpfer gelten. Wer nach oben will, muss teamfähig sein – der Teamfähigste von allen. Die Lösung besteht darin, sich selbst in den Vordergrund zu spielen. Um dann, wenn man ganz im Mittelpunkt steht, dem gesamten Team zu danken. Das besänftigt nicht nur die missgünstigen Kollegen, die auch ein bisschen mitgeholfen haben, es umweht einen auch die Aura des Teamleaders. Denn wer hätte sonst zu danken, wenn nicht derjenige, der für das Projekt verantwortlich ist?

Was soll ich dazu sagen?

Klinken Sie sich ein, indem Sie hinzufügen: „Ja, *Ihr* wart großartig!" Dadurch stellen Sie klar, dass Sie ebenfalls kein einfaches Teammitglied sind, sondern über der Sache stehen.

16 Alles im grünen Bereich

Wer sagt denn so was?

Kollegen, die ganz locker mitteilen wollen, dass (noch) kein Anlass zur Sorge besteht.

Was steckt dahinter?

Wenn Sie mal ein Mikrofon oder eine Tonaufnahme aus-gesteuert haben, wissen Sie: Solange sich der Pegel im grünen Bereich befindet, ist alles in Ordnung. Erst wenn er in den gelben oder gar in den roten Bereich ausschlägt, wird es kritisch und Sie müssen etwas tun, nämlich die Lautstärke herunterregeln. Es sei denn, Sie mögen Heavy Metal.

Nach dem gleichen Prinzip arbeiten auch andere Messgeräte. Auch dort gibt es einen grünen Bereich, der uns signalisiert: Du kannst alles so lassen, wie es ist. Gegensteuern ist nicht erforderlich. Jetzt ahnen Sie vielleicht, warum der grüne Bereich bei Büromenschen so außerordentlich beliebt ist. Man kann einfach so weitermachen wie bisher und hat sogar noch den Eindruck nachgemessen zu haben.

Was soll ich dazu sagen?

Falls Sie überhaupt etwas sagen wollen, dann kommt nur der eine Kommentar in Frage: „Suuuuper."

17 Das kann ich jetzt in die Tonne kloppen.

Wer sagt denn so was?

Kollegen, die anklagend feststellen, dass ihre bisherigen Anstrengungen vergeblich waren.

Was steckt dahinter?

Es ist aber auch zu ärgerlich: Da ist Ihr Kollege fast fertig – und dann lässt ihn jemand hängen, Chef oder Kunde ändern ihre Wünsche oder äußern überhaupt erst welche. Das Ergebnis: Alles war umsonst. Alles noch einmal von vorn. So etwas macht wütend. Und die Wut findet nirgendwo treffenderen Ausdruck als in unserem Satz Nummer 17.

Denn man sieht es vor sich, wie der Kollege mit einem Stapel Papier nach draußen zu den Mülltonnen stapft, den Deckel aufreißt und den gesamten Stoß, nein, nicht hineinwirft, sondern mit aller Kraft hineinkloppt. So dass es scheppert und alle es hören: Das Ergebnis seiner Arbeit ist gerade im Müll gelandet.

Dass er dies so offensiv und selbstbewusst tut, transportiert die entscheidende Botschaft: Schuld daran sind die anderen. Wer selbst Mist baut, kloppt nichts in die Tonne; er lässt es unauffällig verschwinden.

Was soll ich dazu sagen?

„Ach was, das kannst du bestimmt noch recyceln."

18 Das hört sich gut an.

Wer sagt denn so was?

Kollegen, denen Sie gerade etwas Erfreuliches oder Belangloses mitgeteilt haben. Doch auch Kunden, Vorgesetzte, Leute, die Sie bei Laune halten wollen.

Was steckt dahinter?

Satz 18 passt eigentlich in alle Kategorien. Denn wir Menschen sind soziale Wesen und brauchen immer wieder die Aufmunterung durch unsere Artgenossen, egal ob sie unsere Kollegen, Auftraggeber oder Chefs sind. Und zwar gerade bei den kleinen Dingen: „Ich hab schon mal Frau Krause angerufen." Keine Heldentat, aber: „Das hört sich gut an." – „Den Bericht habe ich dir ins Fach gelegt." So war es abgesprochen, und doch: „Das hört sich gut an." – „Dann will ich mal loslegen." Eine Banalität, die jedoch durch ein „Das hört sich gut an." einen zusätzlichen Motivationsschub erhält.

Zugleich steckt in dem Satz aber auch ein gewisser Vorbehalt, den wir vor lauter Harmonieduseligkeit gerne überhören. Immerhin heißt es: Das *hört* sich gut *an*, ob es wirklich gut *ist*, das wird sich erst noch zeigen.

Was soll ich dazu sagen?

Je nachdem, wie es weitergeht: „Es kommt noch besser." Oder „Warte mal ab."

19 Schon gewonnen.

Wer sagt denn so was?

Kollegen, die sich einer nervtötenden Auseinandersetzung entziehen möchten.

Was steckt dahinter?

Dieser Satz ist ein Klassiker und wirkt doch immer wieder. Jemand wird wegen irgendeiner Kleinigkeit hart angegangen, kritisiert, mit spöttischen Kommentaren bedacht. Und was macht er? Anstatt sich zu verteidigen oder einen Gegenangriff zu starten, erklärt er die Auseinandersetzung für beendet, noch ehe sie begonnen hat.

Seinen Charme entfaltet Satz 19 allerdings nur, wenn es sich um Haarspalterei oder eine Lappalie handelt. Und wenn er mit dem richtigen Unterton vorgetragen wird. Mit einem stimmlichen Augenzwinkern sozusagen.

Was soll ich dazu sagen?

Standardreplik: „So kommst du mir nicht davon." Spielerische Variante: „Ich nehme die Kapitulation an. Unter folgenden Bedingungen ..."

20 Das ist aber nicht der Brüller.

Wer sagt denn so was?

Kollegen, die Ihren Beitrag schlecht machen wollen. Beliebte Antwort auf die Frage: „Wie gefällt dir das-und-das?"

Was steckt dahinter?

Die Arbeit von Kollegen zu kritisieren, ist schon eine heikle Sache. Man gerät in Verdacht, daraus Vorteile ziehen zu wollen. Und genauso ist es natürlich auch. Wenn Sie schlecht aussehen, dann fällt es nicht so auf, dass auch Ihr Kollege mit Talenten keineswegs reich beschenkt ist.

Deshalb greift er zu einem bewährten Mittel: die sarkastische Überzeichnung. Denn die passt irgendwie immer. Es dürfte kaum einen Vorschlag geben, der mit begeistertem Gebrüll aufgenommen wird (dem Brüller). Wenn Ihr Kollege also anmerkt, Ihr Beitrag sei nicht der Brüller, dann kann er Ihnen vors Schienenbein treten und auch noch irgendwie witzig rüberkommen.

Erschwerend kommt hinzu, dass „der Brüller" ursprünglich aus der Jugendsprache stammt. Ihr Kollege will Ihnen nämlich zu verstehen geben, dass er ganz schön locker drauf ist.

Was soll ich dazu sagen?

Nachsichtig: „Damit wirst du wohl leben müssen." Oder mit hintergründigem Lächeln: „Es kommt eben nicht immer aufs Brüllen an."

21 Wir haben ja sonst nichts zu tun.

Wer sagt denn so was?

Kollegen, die sich mit unzumutbaren Sonderwünschen konfrontiert sehen, die sie andererseits aber auch nicht ablehnen können.

Was steckt dahinter?

Erfahrene Mitarbeiter wissen: Worauf es im Job ankommt, das ist, den Eindruck zu erwecken, permanent beschäftigt zu sein. Denn niemand erträgt den Anblick von jemandem, der gerade nichts zu tun hat. Und so schieben die alten Hasen immer eine eiserne Reserve von Aufgaben vor sich her, auf die sie bei Bedarf zurückgreifen können. Zugleich verfügen sie, da sie sowieso schon immer beschäftigt sind, über einen Schutzschild zur Abwehr von unangenehmen Pflichten. Wer soll die übernehmen? Natürlich derjenige, der „noch Kapazitäten frei hat". Und doch ist der Schutzschild unvollkommen. Vorgesetzte haben neue Ideen, Kunden haben Sonderwünsche oder entscheiden sich kurzfristig um. In solchen Fällen müssen die alten Hasen ran. Dann ist professioneller Sarkasmus unvermeidlich und Satz 21 fällig. Denn nur so können die Kollegen uns mitteilen, wie unentbehrlich sie sind.

Was soll ich dazu sagen?

Solidarisch: „Ja, wir müssen es wieder richten." Sind Sie selbst der Auftraggeber, müssen Sie Satz 28 sagen.

22 Mir egal, ich lass das jetzt so.

Wer sagt denn so was?

Kollegen, die Sie auf mehr oder weniger kleine Mängel hinge-
wiesen haben.

Was steckt dahinter?

„Hey, was hältst du davon?", fragt Ihr Kollege und hält Ihnen
seine Arbeit unter die Nase. „Schau da mal drüber", bittet Sie
Ihre Kollegin. Und Sie wollen ihnen wieder mal nur helfen und
zählen all die Mängel und Unzulänglichkeiten auf, die Ihnen
schon bei einer ersten flüchtigen Durchsicht ins Auge ste-
chen. Wie das Kollegen untereinander eben so machen. Oder
Sie trompeten ungefragt Satz 26 („Geht *gar* nicht!") in die
Runde, egal, ob es sich um ein Arbeitsergebnis oder ein neues
Outfit handelt. Denn diese Gelegenheit wollen Sie sich nicht
entgehen lassen.

Doch die betreffende Kollegin steht wie immer unter Zeit-
druck. Sie kann, will oder darf jetzt nichts mehr ändern. Dann
ist Satz 22 fällig. Mit dem gibt sie Ihnen im Prinzip Recht, tritt
aber gleichzeitig die Flucht nach vorne an. Denn Sie werden
mal sehen: Außer Ihnen wird es niemandem auffallen. Wieder
einmal.

Was soll ich dazu sagen?

Wählen Sie unter den bewährten Phrasen: „Und *ich* muss es
nachher wieder ausbaden."/ „Ist nicht dein Ernst, oder?"/ „Du
lässt auch keine Gelegenheit aus, dich zu blamieren."

23 Das gönn ich dem total.

Wer sagt denn so was?

Kollegen, die sich über einen abwesenden Dritten austauschen, der etwas erreicht hat, woran sie selbst kein Interesse haben.

Was steckt dahinter?

„Man muss auch jönnen können", sagt der Rheinländer. Das gilt insbesondere unter Kollegen, die ja bisweilen in einem harten Wettbewerb miteinander stehen. Zum Beispiel wenn es um die Frage geht: Wer darf am Brückentag frei machen?

Wer kundtut, dass er einem andern etwas total gönnt, der wertet ihn auf. Das ist einer von uns, der ist in Ordnung, hilfsbereit und / oder vom Leben benachteiligt, da wird es Zeit, dass dem auch mal was gelingt oder er ein paar Krümel vom großen Kuchen abbekommt. Zugleich bringt der Sprecher zum Ausdruck, dass er selbst kein ganz schlechter Mensch ist, sondern es noch fertig bringt, sich für andere zu freuen.

Allerdings kann der Satz auch der Ausdruck reiner Schadenfreude sein, die umso süßer schmeckt, wenn man sie mit Gleichgesinnten teilt.

Was soll ich dazu sagen?

„Oh ja, er / sie hat es verdient." Das passt immer.

24 War nur Spaß.

Wer sagt denn so was?

Kollegen, die gerade eine Bemerkung gemacht haben, die von ihrem Gegenüber mit Staunen, Entsetzen, Fassungslosigkeit oder Panik aufgenommen wurde.

Was steckt dahinter?

Die Arbeit würde nicht halb so viel Spaß machen, wenn man nicht hin und wieder ein paar kleine Gemeinheiten loswerden könnte. Nur im Scherz natürlich. Denn eigentlich sind Ihre Kollegen friedliebende Leute, die nur ein bisschen Frohsinn in den grauen Büroalltag hineintragen möchten. Behaupten sie.

Mit dem Chef wollen sie es sich nicht „verscherzen", zu den Kunden muss man auch nett sein. Bleiben die lieben Kollegen, deren kleine Schwächen sie ohnehin am besten kennen, da sie sich ja kaum mit einer anderen Sache so ausgiebig beschäftigen.

Natürlich steckt hinter den vermeintlich lustigen Bemerkungen die reine Niedertracht. Und wenn das allzu offensichtlich zu werden droht, erklärt man das Ganze eben zum Spaß. Denn einen Spaß werden Sie doch wohl noch verstehen, oder?

Was soll ich dazu sagen?

„Ach, und ich dachte, es wär' Mobbing."

25 Dann brauch ich erst mal Urlaub.

Wer sagt denn so was?

Antriebsschwache Kollegen, die gerade eine Aufgabe aufgebrummt bekommen haben.

Was steckt dahinter?

Urlaub, das ist der große Gegenspieler zur Arbeit. Wer viel leistet, der hat „Urlaub verdient". Er ist „urlaubsreif" und muss „mal auftanken", weil er sich so sehr verausgabt hat. Wie man überhaupt in jedem Betrieb die Leistungsträger daran erkennt, dass sie gerade im Urlaub sind. Zumindest wenn man sie dringend sprechen muss.

Andererseits sollten wir fein unterscheiden: Urlaub *brauchen* ist gerade nicht dasselbe wie Urlaub *machen*. Vielmehr oszillieren viele Kollegen zwischen diesen beiden Zuständen hin und her: Entweder machen sie Urlaub oder sie brauchen welchen. Und was das Vertrackte ist: Bei manchen Mitarbeitern lässt sich nicht einmal genau sagen, in welchem Zustand sie sich gerade befinden. Sind sie noch da, in ihrer Urlaubsbedürftigkeit – oder schon irgendwie auf Fernreise?

Was soll ich dazu sagen?

Der gehässige Klassiker, der fast immer passt, lautet: „Sie waren doch gerade erst." Ansonsten versöhnlich bis kriecherisch: „Ich komm' mit!"

26 Geht gar nicht.

Wer sagt denn so was?

Kollegen, die sich zum Experten aufschwingen wollen und mit einem Anflug von Arroganz ihr Missfallen zum Ausdruck bringen.

Was steckt dahinter?

Vor einigen Jahren tauchten sie im Privatfernsehen auf: Modemenschen, Kult-Friseure, Einrichtungsprofis. Ihnen gemeinsam war, dass sie unbeholfenen Normalmenschen zu einer passablen Garderobe, Haartracht oder Möbellandschaft verhelfen sollten. Dabei mussten die Normalmenschen erst mal selber ran, um sich kräftig zu blamieren. Und dann kam jedes Mal aus dem nach unten verzogenen Mund des Experten ein Satz wie: „Seidenstrümpfe in Sandalen? Geht *gar* nicht!"

Irgendwann sprang der „Geht *gar* nicht"-Satz aus dem Privatfernsehen ins richtige Leben über und infizierte die Leute, die ihre Mitmenschen genauso cool runterputzen wollten. Und weil das so gut klappte, breitete sich der Satz immer weiter aus wie die Schweinegrippe unterm Borstenvieh.

Was soll ich dazu sagen?

Halten Sie dagegen: „Wieso? Geht doch!" Oder Sie nehmen den Hinweis dankbar an und gehen nie wieder in Sandalen ins Büro.

27 Wie geil ist das denn?!

Wer sagt denn so was?

Hochgestimmte Kollegen, die etwas exorbitant gut finden und darauf bestehen, dass alle anderen diese Einschätzung teilen.

Was steckt dahinter?

Im Mittelalter verwendete man den Ausdruck „geil" noch im Sinne von „heiter" und „übermütig": „Es nahent gein der vasennacht. Drum lasst uns geil und fröhlich sein", dichtete der Minnesänger Oswald von Wolkenstein. Später bezeichnete das Wort den Zustand sexueller Erregung. Wer geil war, dem war keineswegs zum Scherzen zumute. Und er war auch nicht darauf erpicht, Arbeitsergebnisse in Topqualität abzuliefern, wozu man heute „geil" sagt. Überhaupt nennt man nicht mehr die Menschen „geil", sondern die Dinge, die sie tun oder besitzen („geiles Handy").

Und doch schwingt da die Bedeutung unterhalb der Gürtellinie noch mit. Denn man gibt sich gerne locker und ein wenig vulgär. Doch Geilsein allein reicht nicht. Erst durch die verblüffte Rückfrage mit dem unverzichtbaren „denn" entfaltet Satz 27 seine ganze aufdringliche Wucht.

Was soll ich dazu sagen?

Mögliche Antworten schwanken zwischen: obergeil / hammergeil / richtig geil / voll geil / geilgeilgeil / megageil / supigeil / endgeil. Oder einfach und kühl: „Keine Ahnung."

28 Da geht doch noch was.

Wer sagt denn so was?

Kollegen, die mit einem Ansinnen gescheitert sind und nun versuchen, mit einem entspannten Spruch den Widerstand zu knacken.

Was steckt dahinter?

Sätze, in denen das Verb „gehen" vorkommt, haben den Vorzug, dass sie gleichzeitig dynamisch und doch unbestimmt sind. Es klingt irgendwie nach Fortschritt, ohne dass man sich allzu sehr festlegen muss. „Es geht voran!" sang einst die Popgruppe Fehlfarben. „Was geht?", fragt man lässig, wenn man sich alle Türen offen halten will. Und das Motto des legendären Münchner Charmeurs Monaco Franze passt eigentlich auf jede Lebenslage: „A bisserl was geht immer."

Aus diesen Quellen speist sich Satz 28. Immerhin handelt es sich ja um eine Aufforderung, nachzugeben, Kompromisse einzugehen, ein Hintertürchen zu öffnen. Doch weil das so vorwärtsgewandt geschehen soll, ist man geneigt, dem Sprecher tatsächlich „entgegenzukommen". Was den zu dem Ausruf veranlasst: „Na also, geht doch!"

Was soll ich dazu sagen?

Reflexartig ablehnend: „Ich geh gleich." Oder kompromissbereit: „Gehen tut schon noch was, wenn Sie mir auch entgegenkommen."

29 Da kommt Freude auf.

Wer sagt denn so was?

Kollegen, die man um einen Gefallen bittet oder denen andere Unannehmlichkeiten bevorstehen.

Was steckt dahinter?

Wenn unter den Kollegen von „Freude" die Rede ist, dann kann das nur sarkastisch gemeint sein. Deswegen versteht jeder die stumpfe Ironie, wenn einer den unvermeidlichen Satz Nummer 29 äußert. Manche versuchen die Sache noch zu verstärken, indem sie seufzend die Augen verdrehen. Das sind die hilfreichen „Ironiesignale", wie die Sprachwissenschaftler sie nennen. Ironiesignale verhindern, dass jemand den Satz vielleicht doch ernst nehmen könnte.

Die Betriebsfeier? Eine öde Pflichtveranstaltung, bei der man auch noch gut gelaunt tun muss. Die Chefin erläutert die neue Servicestrategie? Eine Qual für jeden, der Ohren hat. Kollege Grimm braucht wieder mal Hilfe am Fotokopierer? Soll „Mister Papierstau" doch die Finger davon lassen. Das darf man natürlich so nicht sagen. Und deswegen kommt in unseren Büros zwangsläufig immer wieder Freude auf.

Was soll ich dazu sagen?

Ebenso ironisch äußern Sie mit dem breitesten Grinsen, dessen Sie fähig sind: „Dann lehn dich einfach zurück – und genieße."

30 Ist das jetzt gut? Oder sehr gut?

Wer sagt denn so was?

Kollegen, die ihr Arbeitsergebnis präsentieren. Oder einen Vorschlag, mit dem sie sich noch nicht zum Chef trauen.

Was steckt dahinter?

Wir alle lechzen nach Lob und Anerkennung. Und doch wird uns beides allzu oft vorenthalten. Sogar auf ein positives Urteil folgt meist ein kritisches „Aber …". Wer da noch motiviert bleiben will, ist gezwungen, sich immer wieder mal selbst auf die Schulter zu klopfen. Zumal es die Vorgesetzten (die noch weniger gelobt werden) ja nicht anders halten (siehe im Kapitel „Hier spricht der Chef"). Eine sympathische Art, seine Lobbedürftigkeit gegenüber den Kollegen zu zeigen, ist Satz 30. Streng genommen besteht er ja aus zwei Sätzen, die zudem noch durch eine kurze, aber dramaturgisch wichtige Pause getrennt werden sollten. „Ist das jetzt gut?" Spannung halten. Und noch ehe der Kollege ernsthaft antworten kann, schiebt man selbstbewusst hinterher: „Oder sehr gut?" So treten Sieger auf. Und Blender. Doch in der hochkomplexen Arbeitswelt von heute fällt es immer schwerer, beide auseinanderzuhalten.

Was soll ich dazu sagen?

„Ich hätte es auch nicht besser machen können." Oder gegenüber dem Blender: „Das frage ich mich auch gerade …" Und dann legen Sie los.

Verkäuferdeutsch – siegreich an der Kundenfront

Die Verkäufer sind sie die wahren Helden eines Unternehmens. Während andere Betriebsangehörige manchmal nur schlaue Sprüche klopfen, tragen sie mit ihren Phrasen unmittelbar dazu bei, ob ein Produkt ein Kassenschlager wird oder ein Flop, ob ein Kunde abspringt oder dem Unternehmen jahrelang die Treue hält:

- Richtig gute Verkäufer umgarnen ihre Kunden (Nummer 39), machen ihnen Angst (Nummer 36) oder lassen die Situation für sich arbeiten (Nummer 35).

- Richtig gute Verkäufer töten Einwände, noch bevor sie sich im Hirn ihrer Kunden einnisten können (Nummer 34).

- Richtig gute Verkäufer verbreiten Kauflaune und zücken zur rechten Zeit den Kaufvertrag. Zu all dem brauchen sie die passenden Sätze (31 bis 46).

- Und wenn sie gar nicht mehr weiterkommen, dann greifen sie zum ultimativen Verkäufersatz (Nummer 47).

31 Gerade darauf legen unsere Kunden besonderen Wert.

Wer sagt denn so was?

Verkäufer, die auf Produkteigenschaften zu sprechen kommen, die für den Kunden völlig unerheblich sind oder störend oder gar nicht vorhanden.

Was steckt dahinter?

Wir Menschen sind nun mal soziale Wesen. Das heißt, wenn wir keine Ahnung haben, was wir tun sollen, dann orientieren uns an dem, was die andern machen. „Die andern" sind unsere Bezugsgruppe. Im Verkaufsgespräch haben wir meist nicht so viel Ahnung, zumindest wenn wir die Kunden sind. Darum bringen erfahrene Verkäufer gerne die passende Bezugsgruppe ins Spiel („... wird gerade viel von *Ärzten* gekauft"). Und wenn er unsere Bezugsgruppe nicht kennt, dann gibt es eine, die fast immer passt: „Unsere Kunden".

Der Wein, den „unsere Kunden ganz besonders schätzen", ist schon mal keine schlechte Wahl, glauben wir. Das gleiche gilt für technische Extras an Geräten oder doppelt vernähte Knopfleisten an Kleidungsstücken. Wenn andere Kunden gerade darauf besonderen Wert legen, dann wollen auch wir nicht darauf verzichten – meint unser Verkäufer.

Was soll ich dazu sagen?

Fragen Sie verwundert nach: „Warum denn das?"

32 Schauen wir uns gemeinsam an, welche Punkte für Sie wichtig sind.

Wer sagt denn so was?

Verkäufer, die einen behutsam an das Produkt heranführen, für das sie die höchste Provision einstreichen.

Was steckt dahinter?

Es ist nun einmal so: Das Interesse von Verkäufer und Kunde geht nicht immer in ein und dieselbe Richtung. Doch gelingt es geschickten Verkäufern, genau diesen Eindruck zu erwecken. Als wären sie unser bester Freund und Partner, ein Experte, der es gut mit uns meint und nur zufällig, sagen wir: in der Bank oder im Autohaus herumsteht.

In diesem Zusammenhang ist ein Wort von besonderer Bedeutung. Es lautet „gemeinsam". Der Verkäufer schaut sich etwas mit Ihnen *gemeinsam* an. Aber auch das „Anschauen" ist ein gutes Verkäuferwort, weil es Unvoreingenommenheit signalisiert. Und Harmlosigkeit („wir schauen uns das bloß mal an ..."). Gemeinsam angeschaut werden die „Punkte, die für Sie wichtig sind". Soll heißen: Sie bestimmen die Richtung. Aber es ist der Verkäufer, der weiß, wo es langgeht.

Was soll ich dazu sagen?

Sagen Sie, was immer Ihnen wichtig ist. Aber es wird Ihnen nichts nützen.

33 Sehr gerne.

Wer sagt denn so was?

Verkäufer und geschultes Servicepersonal – und das bei jeder Gelegenheit.

Was steckt dahinter?

Sie bestellen beim Kellner ein Wiener Schnitzel, wollen die Hose im Bekleidungsgeschäft in dunklem Grau oder verlangen an der Hotelrezeption ein ruhiges Einzelzimmer für zwei Nächte – die Antwort lautet stets: „Sehr gerne."

Im normalen Leben stoßen Sie ständig auf Widerstand, wenn Sie etwas verlangen. Nicht so beim geschulten Verkaufs- und Servicepersonal. Das erfüllt Ihre Wünsche nicht nur ohne Murren, sondern angeblich sogar sehr gern.

Aber genau damit weckt es unseren Argwohn, ja unseren Widerwillen. Denn dieses „Sehr gern" ist die entscheidende Nuance zu viel. Man kann uns doch nicht weismachen, dass es ein besonderes Vergnügen ist, das dritte Paar Halbschuhe für uns aus dem Lager herbeizuschleppen. Wir wollen einfach nicht so offensichtlich belogen werden. Und welche Selbsterniedrigung folgt als nächstes? Werden sie uns die Füße küssen? Anfangen, Standbilder für uns zu errichten?

Was soll ich dazu sagen?

„Gerne reicht schon."

34 Sie fragen sich sicher, ob …, aber da kann ich Sie beruhigen.

Wer sagt denn so was?

Verkäufer, die den Eindruck erwecken wollen, dass sie für ihre Kunden mitdenken.

Was steckt dahinter?

Kunden zögern, Kunden haben Einwände, Kunden suchen nach kritischen Fragen. Auch um zu signalisieren, dass sie sich nicht jedes Gerümpel aufschwatzen lassen. Versierte Verkäufer wissen das und unterstellen ihren Kunden kritische Einwände, um sie dann mit Leichtigkeit vom Tisch zu wischen (siehe auch Satz Nummer 46: „Ich bin froh, dass Sie gerade diesen Punkt ansprechen").

Darüber hinaus kann der Verkäufer mit Nummer 34 ganz zwanglos irgendwelche Vorteile ins Spiel bringen, nach denen der Kunde vermutlich gar nicht fragen wird: „Sie fragen sich sicher, ob das Navigationsgerät auch eine Korridorfunktion hat. Aber da kann ich Sie beruhigen: Es hat eine. Und zwar die beste, die derzeit auf dem Markt erhältlich ist."

Was soll ich dazu sagen?

Überbieten Sie die Frage des Verkäufers mit einer eigenen: „Nein, ich frage mich eher, ob Sie mir nicht 10 % Rabatt geben können."

35 Und genau deswegen sitzen wir hier.

Wer sagt denn so was?

Verkäufer und Kundenberater, die mit Kritik, Einwänden oder Beschwerden bombardiert werden.

Was steckt dahinter?

Für den Umgang mit kritischen und motzenden Kunden gilt der gleiche Grundsatz wie im japanischen Kampfsport: Du kannst den andern nur dann auf die Matte legen, wenn du ihm keinen Widerstand entgegensetzt. Nur Anfänger und Ahnungslose greifen verzweifelt zu irgendwelchen Rechtfertigungen und machen damit alles nur noch schlimmer.

Fängt der Kunde an zu nörgeln, setzt der Verkaufsprofi zur großen Umarmung an. Er weist die Nörgelei nicht zurück, sondern betont einmal wieder die Gemeinsamkeit: Endlich haben wir beide ein anregendes Gesprächsthema. Puh, das ist noch mal gut gegangen ...

Für Verkäufer ist Satz Nummer 35 so unverzichtbar, weil er den Weg bereitet für die freundlicheren Töne, die sogleich angestimmt werden. Und tatsächlich kann man einem solchen Verkäufer einfach nicht böse sein.

Was soll ich dazu sagen?

Diesen Satz brauchen Sie nicht zu kommentieren. Sie sollten ihn nur verstehen.

36 Man kann entweder mitmachen oder man ist raus.

Wer sagt denn so was?

Verkäufer, die einem eine Mitgliedschaft oder ein Abonnement verticken wollen.

Was steckt dahinter?

Wer verkaufen will, der darf nicht immer nur freundlich sein. Manchmal heißt verkaufen auch: drohen, einschüchtern, Druck aufbauen. In diesen Zusammenhang gehört unsere Nummer 36.

Denn für uns Menschen gibt es kaum etwas Bedrohlicheres als von anderen ausgeschlossen zu werden – und sei es auch nur aus dem Kreis der Abonnenten einer öden Hobbyzeitschrift. Mit einem Mal fühlt man sich isoliert, abgeschnitten von der Szene. Man ist eben raus.

„Mitmachen" klingt hingegen aktiv und nach Geselligkeit. „Machst du bei uns mit?", fragen schon kleine Kinder, wenn sie jemanden dabei haben wollen. Im anderen Fall heißt es; „Der darf nicht mitmachen." So etwas sitzt tief.

Was soll ich dazu sagen?

„Einverstanden. Ich bin raus." Oder: „Einverstanden. Ich mach mit!"

37 Der Kollege ist im Thema.

Wer sagt denn so was?

Verkäufer und Kundenberater, die einem Kollegen das Feld überlassen. Beliebt auch am Telefon, wenn der Anrufer von „seinem Betreuer" an einen weniger beschäftigten Kollegen weitergereicht wird.

Was steckt dahinter?

Bei manchen Produkten und Dienstleistungen gibt es einen Kundenberater, von dem es heißt, er sei für uns zuständig. Manchmal bekommen wir Post von ihm. Gelegentlich gratuliert er uns auch zum Geburtstag. An so einen Kundenberater kann man sich im Laufe der Jahre schon gewöhnen. Und genau das ist ja auch beabsichtigt.

Doch manchmal hat unser Kundenberater keine Zeit für uns. Er beschäftigt sich mit etwas anderem oder hat einen dickeren Fisch an der Angel. Oder er hat gerade keine Lust, unsere ewig gleichen Geschichten anzuhören. Dann reicht er uns weiter, an einen Kollegen.

Doch bevor er das Feld räumt, sagt er Satz Nummer 37, um uns zu beruhigen. Dass der Kollege im Thema ist, soll den Eindruck vermitteln, als sei alles wohl geordnet und bei dem Stellvertreter in besten Händen.

Was soll ich dazu sagen?

„Ähm, was war eigentlich noch das Thema?"

38 Damit können Sie nichts verkehrt machen.

Wer sagt denn so was?

Verkäufer, die es mit ängstlichen, ahnungslosen Kunden zu tun haben, denen sie eine 08/15-Lösung aufs Auge drücken.

Was steckt dahinter?

Das Warenangebot wird immer unübersichtlicher. Neue Geräte, neue Gimmicks, neue Geschmacksrichtungen. Die Mode wechselt und der Fortschritt marschiert. Wir wissen gar nicht mehr, wofür wir uns entscheiden sollen.

Aber der versierte Verkäufer, der weiß das genau. Aus unserem Auftreten, unseren unbeholfenen Fragen schließt er: Was so jemand braucht, das ist – Sicherheit. Oder sagen wir besser: ein Gefühl von Sicherheit.

Genau für solche Zwecke gibt es die bewährte Standardlösung. Die ist nicht besonders aufregend, manchmal ist sie auch schon ein wenig veraltet (wie sollte es anders sein, wenn sie sich bereits „bewährt" hat?). Aber diese Standardlösung verkauft er an uns. Nicht ohne vorher Satz Nummer 38 gesagt zu haben.

Was soll ich dazu sagen?

„Dann nehme ich doch lieber das mit den roten Tupfen."

39 Zufrieden reicht mir nicht.

Wer sagt denn so was?

Turbo-Verkäufer, denen es nicht genügt, einfach nur zu verkaufen. Sie wollen mehr. Deshalb sind sie so anstrengend.

Was steckt dahinter?

Früher konnten die Verkäufer stolz sein, wenn sie zufriedene Kunden hatten. Heute, da alles immer schneller, immer bunter und immer erfolgreicher wird, genügt das nicht mehr. Zufrieden, das klingt viel zu behäbig und genügsam, nach Mittelmaß und dickem Hintern. Die Kunden von heute sind dynamisch und aktiv. Sie müssen begeistert werden.

Denn Begeisterung lässt sich nicht mehr steigern. Alles, was danach kommt, müsste ärztlich behandelt werden. Aber wer begeisterte Kunden hat, der ist der Champion.

Darum lassen uns echte Turboverkäufer wissen, dass es ihnen nicht reicht, wenn ihre Kunden zufrieden sind. Das wäre wie eine Kränkung, jammern sie. So als hätten sie sich nicht genügend ins Zeug gelegt. Erst wenn die Kunden restlos begeistert sind, lassen diese Verkäufer von ihnen ab. Das klingt wie eine Drohung. Und genauso ist es auch gemeint.

Was soll ich dazu sagen?

Mit Nachdruck: „Mir schon."

40 Lassen Sie sich inspirieren.

Wer sagt denn so was?

Verkäufer, die den stöbernden Kunden das beglückende Gefühl geben wollen, einfallsreich und kreativ zu sein. Wird auch zu Kunden gesagt, die planlos durch den Laden irren.

Was steckt dahinter?

Einkaufen ist meist eine ziemlich prosaische Angelegenheit. Umso schöner trifft es sich, wenn jemand dazu beiträgt, die ganze Sache zu veredeln und den Einkauf zu einem Einkaufserlebnis zu machen.

Als Verkäufer braucht man dazu solche Sätze wie die Nummer 40. Der Begriff, auf den es hier ankommt, heißt „Inspiration": Durch ihn wird der Kunde erst zum Künstler, der Verkäufer zum Inspirator und auch der Laden erscheint in neuem Licht, er wird zur Inspirationsquelle.

Das „Inspirieren *lassen*" klingt außerdem angenehm zwanglos Hier muss man nichts kaufen, man schwebt beflügelt von der eigenen Phantasie an den Regalen vorbei, füllt im kreativen Rausch den Warenkorb mit kleinen Kostbarkeiten und achtet der Preisschilder nicht.

Was soll ich dazu sagen?

Den Satz muss man nicht kommentieren. Behalten Sie einfach nur die Bodenhaftung.

41 Sie kommen zurecht?

Wer sagt denn so was?

Verkäufer in Geschäften, in denen sich die Kunden nur ungern vom Verkaufspersonal stören lassen.

Was steckt dahinter?

Manchmal verlangen Kunden vom Verkaufspersonal nur eines: in Ruhe gelassen zu werden. Sie möchten sich möglichst unbeobachtet in Kleidungsstücke zwängen, von denen nicht sicher ist, wie vorteilhaft sie darin aussehen. Sie möchten alleine in Büchern blättern oder vielleicht sogar Weinetiketten studieren.

Doch hin und wieder brauchen auch diese Kunden einen Rat, einen Hinweis, eine Empfehlung. Früher fragten die Verkäufer daher: „Kann ich Ihnen helfen?" Doch empfanden das einige sensible Kunden als zu aufdringlich. Sie fühlten sich bereits genötigt, das Verkaufspersonal zu beschäftigen, vor allem aber etwas zu kaufen. Wer nichts kaufen wollte, brummte: „Danke, ich komme zurecht."

Deshalb stellen vorsichtige Verkäufer lieber gleich Frage 41. Die klingt nämlich so, als sei das Selberaussuchen der Normalfall, für den man sich nicht mehr zu schämen braucht.

Was soll ich dazu sagen?

Mal ehrlich: Kommen Sie zurecht?

42 Günstiger können es auch die Chinesen nicht.

Wer sagt denn so was?

Großspurige Verkäufer, die Produkte anpreisen, die man sonst vielleicht nicht kaufen würde.

Was steckt dahinter?

Eines der wichtigsten Kaufmotive ist der kleine Preis. Aber wie bringt man ihn ins Spiel? Die psychologische Forschung zeigt, dass wir Preise immer nur im Vergleich beurteilen. Deswegen kaufen die Leute so gerne „Sonderangebote" und vermeintlich preisreduzierte Ware, auch wenn die eigentlich gar nicht so günstig ist.

Das Problem ist eben: Als Kunden haben wir keinen Fixpunkt, um Preise zu beurteilen. Aber eines hat sich dem Verbraucher immerhin eingebrannt: Was aus China kommt, befindet sich am unteren Ende der Preisskala. Darum sind die Chinesen ja so ungemein erfolgreich. Sie unterbieten einfach alles und jeden.

Genau darauf nimmt Satz Nummer 42 großmäulig Bezug. Nachprüfen kann das ohnehin keiner. Und so ganz ernst gemeint ist der Satz nun schon mal gar nicht.

Was soll ich dazu sagen?

Mit ebenso dröhnendem Humor: „Günstiger vielleicht nicht, aber besser." Oder: „Welche Chinesen?"

43 Das kommt für Sie jetzt weniger in Frage.

Wer sagt denn so was?

Verkäufer, die einem Kunden ein Produkt entwinden, das für ihn offensichtlich völlig ungeeignet ist.

Was steckt dahinter?

Verkäufer haben ein Glaubwürdigkeitsproblem. Schon von Haus aus stehen sie dem eigenen Warensortiment nicht neutral gegenüber. Das macht sie in den Augen vieler Kunden verdächtig. Sie können ihren Aussagen nicht trauen und werden immer unsicherer, je mehr Komplimente die Verkäufer über sie ausschütten.

Daher versuchen versierte Verkäufer ihre Glaubwürdigkeit dadurch zu retten, dass sie behutsam von der einen oder anderen Ware abraten – natürlich nur von solchen Dingen, die der Kunde ohnehin nicht kaufen würde. Weil sie zu teuer sind, zu eng oder zu kariert.

Dabei darf der Verkäufer sein Sortiment natürlich nicht schlecht machen. Die Zauberformel lautet: „Für *Sie* kommt das jetzt weniger in Frage." Das heißt: Andere mögen das Zeug kaufen und damit glücklich werden. Die Menschen sind nun mal verschieden. Und das ist ein Segen, für Verkäufer.

Was soll ich dazu sagen?

„Ich wollte es auch nur mal eben anfassen."

44 Sammeln Sie Punkte?

Wer sagt denn so was?

Verkäufer an der Kasse von Geschäften, die an einem Bonus-programm teilnehmen.

Was steckt dahinter?

Manche Verkäufer sind angehalten, bestimmte Sätze zu sagen oder Fragen zu stellen. Sonst bekommen sie Ärger. Eine Zeit-lang mussten sie nach der Postleitzahl der Kunden fragen. Damit ihre Kollegen später kleine Fähnchen in eine Landkarte stecken konnten, um auf einen Blick zu sehen, wo ihre Kunden wohnten. Eine andere Pflichtfrage ist die, ob man ein Konto eröffnen, Bargeld abheben oder den Stromanbieter wechseln will. So „generiert" man Zusatzgeschäfte – oder auch gerade nicht.

Zu den häufigsten, aber keineswegs beliebtesten Pflichtfragen gehört die Nummer 44. Mit ihr soll erkundet werden, ob der Käufer eine Karte oder ein Heftchen hat, das ihn als Punkte-sammler ausweist. Ist dem so, bekommt er für seinen Einkauf eine bestimmte Anzahl von Punkten gutgeschrieben. Und wenn er ganz viele Punkte beisammen hat, darf er sich Bett-bezüge oder ein Messerset aussuchen.

Doch die Verkäufer leiden (sie müssen gefühlte tausend Mal am Tag die gleiche Frage stellen). Die nicht sammelnden Kunden leiden sowieso, aber auch die Punktesammler. Denn nicht jeder mag sich an der Kasse als messersetversessener Punktesammler outen.

45 Ich war selber überrascht.

Wer sagt denn so was?

Steve Jobs, der legendäre Chef von Apple.

Was steckt dahinter?

Wenn die Firma Apple ein neues Produkt auf den Markt brachte, wie den iPod, das iPad, das iPhone, wurde es von Steve Jobs höchstpersönlich präsentiert. Dabei führte er dem Publikum nicht bloß die erstaunlichen Eigenschaften der Geräte vor. Er verkündete, wie diese die Welt verändern würden.

In schwarzem Pullover und Jeans schritt Jobs vor einer riesigen Leinwand die Bühne ab, sein neues Wunderding in der Hand. Es konnte dieses und jenes; und es sah auch noch gut aus. Besonders eingeprägt aber hat sich dieser eine Satz. Jobs führte irgendetwas vor und bemerkte dazu, ganz beiläufig, als würde er die Worte eher an sich selbst richten: „Ich war selber überrascht." Das ist ein Verkäufersatz, der sich nicht mehr überbieten lässt.

Was soll ich dazu sagen?

Legen wir eine Schweigeminute ein.

46 Ich bin froh, dass Sie gerade diesen Punkt ansprechen.

Wer sagt denn so was?

Verkäufer, die man auf einen gravierenden Nachteil hinweist, über den sie gerne hinweggegangen wären.

Was steckt dahinter?

Verkäufer haben für alles eine Erklärung parat: Wieso befinden sich die Knöpfe an diesem Gerät an der Seite? Weshalb hat diese Hose gar keine Knöpfe? Warum leuchten die Knöpfe nicht im Dunkeln? Der versierte Verkäufer hört nickend zu. Denn er weiß: Es gibt für alles einen guten Grund. Und wenn nicht, dann muss man einen erfinden.

Spricht man ihn jedoch auf einen echten Schwachpunkt an, dann muss er etwas weiter ausholen. Oftmals ist er auch gezwungen, Nebel zu werfen. Aber so, dass der Kunde denkt: Eine Supersache, leider bin ich nur zu blöd, sie zu kapieren.

Glaubwürdig eingeleitet werden solche Einlassungen mit Satz Nummer 46. Der Verkäufer gibt sich hocherfreut, die „Hintergründe" zu erläutern. Und der Kunde glaubt, wenn das eine ernste Sache wäre, dann müsste der Verkäufer jetzt ins Schwimmen geraten. Doch gute Verkäufer schwimmen nie.

Was soll ich dazu sagen?

„Und ich bin froh, dass Sie sich die Zeit nehmen, mir den Punkt zu erklären."

47 Herr Wienhold, was mache ich jetzt mit Ihnen?

Wer sagt denn so was?

Vertreter, aber auch Verkäufer, die sich den Mund fusselig geredet haben, ohne dass der Kunde Neigung zeigt, zu einem Abschluss zu kommen. Beliebt auch bei der Telefonakquise.

Was steckt dahinter?

Nicht wenige Verkäufer sind fest davon überzeugt: Je mehr sie das Verkaufsgespräch in die Länge ziehen können, desto wahrscheinlicher ist es, dass der Kunde anbeißt. Wäre er wirklich desinteressiert, dann hätte er einen schon längst rausgeworfen, den Hörer aufgelegt oder den Laden verlassen.

Und wenn wir ehrlich sind, müssen wir zugeben, dass dieses Weichkochen oft sogar funktioniert. Der Verkäufer hat so viel Mühe investiert, dass wir es nicht übers Herz bringen, einfach zu sagen: „Danke, kein Interesse." Denn das hätten wir ja gleich sagen können ...

Kommt der Verkäufer nicht voran, stellt er kurz vor der Kapitulation die rettende Frage 47. Der Kunde soll selbst sagen, wie es jetzt weiter geht, welche „Information" er noch braucht – und wann sich der Verkäufer wieder „melden" darf.

Was soll ich dazu sagen?

Höflich: „Danke, Sie haben schon genug getan." Unhöflich: „Was Sie jetzt machen? Mir den Buckel runterrutschen."

Die Klassiker der Telekommunikation

Die modernen Kommunikationsmittel prägen immer stärker unser Berufsleben. Manche Kollegen und Geschäftspartner kennt man nur noch vom Telefon, manche Vorgesetzte nur noch von der wöchentlichen Rundmail. Und wenn man sie dann mal persönlich trifft, wird einem erst klar, welche Erleichterung die Segnungen der Informationstechnologie über uns gebracht haben. Dabei ist es schon angeklungen:

- Einige der hier versammelten Sätze eignen sich auch (oder sogar ganz besonders), um durchs Telefon gesagt, gemailt oder gar getwittert zu werden.

- Darüber hinaus gibt es jedoch eine Anzahl unverzichtbarer Phrasen, die ausschließlich im Zusammenhang mit Telefon und Computer einen Sinn ergeben.

Manche davon sind für Außenstehende völlig unverständlich. Daher haben wir aus dem reichen Fundus ausschließlich solche Sätze gewählt, die einem größeren Personenkreis vertraut sind.

48 Hallo, ich sitze gerade im Zug.

Wer sagt denn so was?

Bahnreisende.

Was steckt dahinter?

Wer im Zug sitzt, muss telefonieren. Das gilt vor allem für Leute, die beruflich unterwegs sind. Lange vorbei sind die Zeiten, da man noch mit den Mitreisenden ein Gespräch führte. Aus den Mitreisenden sind Mithörende geworden.

Und ein Satz, den sie immer wieder zu hören bekommen, ist die Nummer 48. Nach inoffiziellen Schätzungen belegt er unter den meistgehörten Sätzen den zweiten Platz hinter „Hier noch jemand zugestiegen?" Aber noch vor: „Senk juh for träwelling". Und „Es geht in Kürze weiter."

Dass der Mobiltelefonierer als erstes seinen Aufenthaltsort mitteilt, mag den anderen Fahrgästen auf die Nerven gehen. Und doch ist es begreiflich. Es schafft für das Telefonat erst den atmosphärischen Rahmen: Da regelt jemand von unterwegs seine Geschäfte. So wie manche Raubvögel, die auch gleichzeitig fliegen und fressen können.

Was soll ich dazu sagen?

Gar nichts. Oder laut und deutlich, so dass es der Telefonierer auch hört: „Nein, so was! Ich sitze auch gerade im Zug! Wer noch?"

49 Ich versuch' mal, Sie zu verbinden, Augenblick.

Wer sagt denn so was?

Mitarbeiter, die es immer noch nicht geschafft haben, mit der Telefonanlage zurechtzukommen.

Was steckt dahinter?

Wer mit seinem Mobiltelefon umgehen kann, genießt allgemeine Anerkennung. Ganz anders, wenn es sich um die (stationäre) Telefonanlage im Büro handelt. Hier ist Hilflosigkeit Trumpf. Wer sich nicht auskennt und auch nach tagelanger Schulung beharrlich die falschen Tasten drückt, unterstreicht seinen hohen Status.

Dazu gehört, dass man Anrufer aus der Leitung wirft, sobald sie noch jemanden aus der Firma sprechen möchten, man sie also verbinden müsste. Dann erfolgt eine kurze Einlassung über „unsere tolle Telefonanlage" (da ahnt der Anrufer schon, was ihn erwartet). Und nach einer kurzen Verabschiedung („Wir sind ja so weit fertig miteinander.") muss Satz Nummer 49 geäußert werden, nicht selten mit viel sagender Betonung des Wörtchens „versuch". Daraufhin betätigt man die Taste, die den Anrufer in die ewige Warteschleife befördert.

Was soll ich dazu sagen?

Sie haben gar keine Zeit, noch irgendetwas zu sagen. Schon sind Sie weg.

50 Sorry, ich bin gerade auf dem Sprung.

Wer sagt denn so was?

Wichtige Personen, die man unbedingt sprechen möchte und endlich erwischt hat.

Was steckt dahinter?

Wenn man spontan den Telefonhörer abhebt, kann man böse Überraschungen erleben. Es rufen Leute an, die Auskünfte von einem wollen, einen um etwas bitten oder einen an unangenehme Dinge erinnern wie Abgabefristen, nicht eingehaltene Zusagen oder bevorstehende Termine. Vor diesen Leuten muss man sich in Sicherheit bringen. Dazu verhilft einem Satz 50, ein respektabler Klassiker des Abwimmelns. Der Ausdruck „Sprung" besitzt die nötige Dynamik und einen Hauch Aggressivität, um die meisten Anrufer zum Schweigen zu bringen. Oder zu der eingeschüchterten Frage: „Wann kann ich Sie denn erreichen?" Die stets mit einer Variante von Satz 51 beantwortet wird: „Ich ruf Sie zurück."

Eindringlich ist jedoch darauf hinzuweisen, dass es sich hier um einen Festnetz-Satz handelt. Mit dem Handy können Sie springen, soviel Sie wollen, Sie werden den andern nicht los.

Was soll ich dazu sagen?

„Nur ganz kurz." Holen Sie tief Luft und setzen Sie unterbrechungsfrei Ihre Botschaft ab.

51 Kann ich zurückrufen?

Wer sagt denn so was?

Wichtige Personen, die man unbedingt sprechen möchte und endlich erwischt hat.

Was steckt dahinter?

Nicht immer kann man einen glaubwürdigen „Sprung" vortäuschen. Das gilt vor allem, wenn man schon eine Weile telefoniert hat und sich das Gespräch in eine Richtung entwickelt, die ein schnelles Ende ratsam erscheinen lässt.

Zugleich will man aber auch nicht unhöflich erscheinen, einfach auflegen oder den Anrufer beschimpfen. Das ist im Geschäftsleben nicht üblich. Also inszeniert man eine Scheinunterbrechung, sagt: „Moment mal." Und hält kurz mal den Hörer zu, um anschließend mit Satz 51 dem Ende des Gesprächs entgegenzusegeln.

Das Praktische an Satz 51 ist seine Flexibilität. Er passt irgendwie immer. Auch muss man sich keine Ausrede oder Erklärung zusammenlügen. Fragt der andere nach: „Was ist denn los?" So lautet die dazugehörige Antwort: „Kann ich gerade nicht erklären." Selbstverständlich wird niemals zurückgerufen. Oder erst wenn sich das betreffende Problem von selbst erledigt hat.

Was soll ich dazu sagen?

„Können schon. Aber wollen?"

52 Nehm ich.

Wer sagt denn so was?

Statusbewusste Personen, in deren Büro man einen Termin wahrnimmt. Irgendwann meldet sich die Sekretärin und fragt, ob sie einen bestimmten Anruf entgegennehmen.

Was steckt dahinter?

An der Art, wie jemand mit dem Telefon umgeht, ist sein Status abzulesen. Normalsterbliche können Personen mit hohem Status niemals direkt erreichen. Nur Leute, die ebenso wichtig sind, dringen zu ihnen vor.

Und doch wird zu bestimmten Gelegenheiten „das Telefon umgeleitet", zur Sekretärin, die den Anrufern mitteilt, dass die Person gerade in einer Besprechung ist. Das sorgt zuverlässig dafür, dass die statusbewussten Anrufer die Wichtigkeit ihres Anliegens herausstreichen. Ist das glaubwürdig, erwidert die Sekretärin: „Ich seh' mal, ob ich was machen kann." Und meldet ihrem Chef so etwas wie: „Dr. Kunze für Sie am Telefon."

Solche Unterbrechungen sind ebenfalls ein Statussymbol und müssen zelebriert werden. Dazu dient Satz 52, der immer ein bisschen gereizt ausgesprochen werden muss.

Was soll ich dazu sagen?

Schweigen Sie, setzen Sie einen neutralen Gesichtsausdruck auf, schauen Sie die Wände an, bis die zurückschauen.

53 Die ist gerade in einer Besprechung.

Wer sagt denn so was?

Mitarbeiter, die einen Anruf entgegennehmen, der für eine viel beschäftigte Kollegin bestimmt war. Praktikanten oder die freundliche Sekretärin.

Was steckt dahinter?

Allgemein wird darüber geklagt: Es gibt zu viele Meetings und Besprechungen. Außerdem dauern sie zu lange, weil da viel zu viel gequatscht wird (siehe nächstes Kapitel). Allerdings haben diese Meetings auch ein Gutes: Man ist telefonisch nicht erreichbar. Ja, vielleicht besteht darin überhaupt erst der eigentliche Sinn von Besprechungen: Sie schaffen einen Anlass, telefonisch nicht erreichbar zu sein.

Andere müssen die Telefonate entgegennehmen und Satz 53 sagen. Durch ihn wird der Anrufer nicht nur abgewehrt, sondern es wird ihm auch zu verstehen gegeben: Die Angerufene ist wichtig und muss sich um viele andere Dinge kümmern. Also, rechnen Sie mal nicht allzu fest mit einem Rückruf.

Was soll ich dazu sagen?

Die einzig möglichen Erwiderungen lauten: „Vielleicht können Sie mir weiterhelfen." Oder: „Kein Problem. Dann rufe ich in zehn Minuten noch mal an."

54 Bleiben Sie dran!

Wer sagt denn so was?

Jeder, der während eines Telefonats den Hörer aus der Hand legen muss, um etwas zu holen, nachzuschauen, dem Paketboten zu öffnen oder Kaffee (siehe Nummer 14) aufzugießen. Außerdem: die Telefonprofis, die den Anrufer weiterverbinden (siehe Nummer 49) können.

Was steckt dahinter?

Wieder so ein Festnetz-Satz. Denn von mobilen Telefonierern erwartet man, dass sie ihr Handy überallhin mitnehmen. Fest ans Ohr gepresst, wenn sie das Gerät nicht bereits direkt in den Gehörgang haben einbauen lassen. Ganz anders die Festnetzer: Die müssen irgendetwas herbeischaffen, nachsehen oder aufgießen und verabschieden sich auf unbestimmte Zeit mit Satz 54. Die meisten lassen den Anrufer bei ihrer Tätigkeit zuhören, ja, manche veranstalten ein kleines Live-Hörspiel („Aha! Da ist ja der Ordner! ... Sooo, jetzt wollen wir mal sehen ..."), damit der Anrufer auf dem Laufenden bleibt, was sich am andern Ende der Leitung so tut.

Die Nummer 54 kann allerdings auch in einer anderen Situation verwendet werden. Wenn nämlich weiterverbunden werden soll und berechtigte Hoffnung besteht, dass es klappt.

Was soll ich dazu sagen?

„Mach ich." Oder: „Kommt drauf an, was der Tag noch so bringt."

55 Ich habe Ihre Nummer im Display.

Wer sagt denn so was?

Versierte Telefonierer, die auf die Frage antworten: „Soll ich Ihnen mal meine Nummer geben?"

Was steckt dahinter?

Nummer 55 ist ein unverzichtbarer Satz im Gespräch über den Rückruf. Viele geschäftliche Telefonate drehen sich ausschließlich um die Frage, wie und wann man am besten zurückruft. Denn wenn man einfach so, ohne jede Ankündigung anruft, dann kommt der Anruf eigentlich immer ungelegen (siehe Nummer 50).

Also wird ein Rückruf ausgehandelt. Dazu gehört, dass man die Rufnummern abgleicht („Kann ich Sie unter *der* Nummer erreichen?"). Wer jedoch über einen zeitgemäßen Telefonapparat verfügt *und* diesen zu nutzen versteht, der kann gegenüber seinem Gesprächspartner mit Satz 55 punkten. Denn der Satz signalisiert Kontrolle, Rationalität und Übersicht. Man ist nicht darauf angewiesen, dass der andere seine Nummer herausrückt, sondern man ist bereits im Bilde. Wer weiß, welche Daten bei diesem Anruf noch erfasst werden?

Was soll ich dazu sagen?

Für Leute, die immer das letzte Wort haben müssen: „Unter dieser Nummer bin ich aber nicht erreichbar."

56 Auf der Leitung wird gerade gesprochen.

Wer sagt denn so was?

Sekretärinnen, hilfreiche Kollegen desjenigen, den Sie sprechen wollen, Mitarbeiter der Telefonzentrale, bei der Sie landen, nachdem jemand versucht hat, Sie weiterzuverbinden (siehe Nummer 49).

Was steckt dahinter?

Manche Menschen scheinen mit ihrem Telefon geradezu verwachsen zu sein. Das gilt vor allem für die Mobiltelefone, deren Verlust jüngsten Umfragen zufolge manche User mehr schmerzen soll als der Verlust eines Freundes.

Umso hilfreicher ist es, wenn gelegentlich die technische Seite in Erinnerung gerufen wird. Eben das geschieht in Satz 56. Die Menschen, die wir erreichen wollen, werden gar nicht erst erwähnt. Denn es ist die Leitung, auf die es hier ankommt und die uns nicht zur Verfügung steht, da dort ja „gerade gesprochen" wird. Von wem? Mit wem? Unerheblich.

„The medium is the message", lautet der klassische Satz des Kommunikationswissenschaftlers Marshal McLuhan. Wir sind nur die Knotenpunkte in einem riesigen Netzwerk, in dem die Verbindungen dann und wann „belegt" sind.

Welcher Satz folgt als nächstes?

„Ah, ich sehe gerade, die Leitung ist wieder frei geworden!"

57 Herr Wienhold wollte Sie sprechen, Moment, ich verbinde.

Wer sagt denn so was?

Die Sekretärin von Herrn Wienhold.

Was steckt dahinter?

Strategisch gesehen ist derjenige, der anruft, in einer ungünstigen Position. Er weiß nicht, was ihn erwartet, ob seine Nummer bereits im Display (siehe Nummer 55) rot aufleuchtet oder die Angerufene den Praktikanten herbeiwinkt, für sie den Hörer aufzunehmen. Wer anruft, liefert sich aus. Wer angerufen wird, ist begehrt und hat Macht.

Statusbewusste Personen rufen daher niemals an. Wenn sie jemanden sprechen wollen, dann *lassen* sie anrufen, in der Regel macht das ihre Sekretärin. Und die weiß das – Satz 57 sei Dank – so einzurichten, dass der Angerufene zum Anrufer wird.

Denn nach dem magischen Satz meldet sich nicht etwa Herr Wienhold, sondern es „tutet" erst mehrmals in der Leitung. Und dann meldet sich Herr Wienhold, ganz so, als hätten Sie ihn angerufen. Und wenn Herr Wienhold ein ausgebuffter Machtspieler ist, dann lässt er Sie spüren, dass Sie ihn gerade stören.

Was soll ich dazu sagen?

Statusbewusste Machtspieler legen in diesem Moment auf.

58 Ich setz dich ins CC.

Wer sagt denn so was?

E-Mailende Kollegen, die den Anschein erwecken wollen, dass sie die andern auf dem Laufenden halten.

Was steckt dahinter?

Im E-Mail-Verkehr steht die Abkürzung CC für „carbon copy", was so viel bedeutet wie Kohlepapierdurchschlag. Eine Reminiszenz an die uralten Zeiten, als es noch nicht einmal einen Fotokopierer gab und Geschäftsbriefe noch mechanisch mit Kohlepapier vervielfältigt werden mussten.

Heute lässt sich alles in beliebiger Anzahl ausführen. Das gilt insbesondere für E-Mails, bei denen es genügt, jemanden „ins CC" zu setzen – und schon hat auch er die betreffende Mail in seinem elektronischen Postfach. Die Folgen sind verheerend: Die Postfächer quellen über mit elektronischen Kohlepapierdurchschlägen. Und man ist Stunden damit beschäftigt, seine Mails durchzuarbeiten, was im Falle der CC-Nachrichten in der Regel heißt: sie ungelesen zu löschen.

Das hat sich natürlich längst herumgesprochen. Wer heute ankündigt, jemanden ins CC zu setzen, der will ihm Angst einjagen oder Widerspruch ernten. Oder er ist ahnungslos. Profis verschicken CCs stets ohne Ankündigung.

Was soll ich dazu sagen?

„Dann lass ich dich als Absender sperren."

59 Jetzt spinnt er wirklich.

Wer sagt denn so was?

Menschen aus Fleisch und Blut, die am Computer arbeiten und dabei (wie üblich) auf rätselhafte Schwierigkeiten stoßen.

Was steckt dahinter?

Bekanntlich werden unsere Computer immer leistungsfähiger, ja intelligenter. Sie sind in der Lage, immer mehr Aufgaben zu übernehmen. Und doch brauchen sie immer noch jemanden, der sie bedient. Das klingt nach einem lupenreinen Herr-Knecht-Verhältnis. Und so ist es ja auch. Wir sind das Dienstpersonal unserer schlauen Computer und leiden unter ihren Launen, Unpässlichkeiten und miesen Tricks.

Ein Computer darf machen, was er will. Es bekommen immer die andern die Schuld. „Das Problem sitzt nicht *im* Rechner, sondern *davor*", behaupten die Leute von der IT-Abteilung.

Im Gegenzug versuchen wir, unseren Computer für verrückt zu erklären. Natürlich wissen wir, dass genau das nicht sein kann. Dass alles wieder an uns hängen bleibt. Darum sagen wir auch jedes Mal: „Jetzt spinnt er *wirklich*." Es ist ein stiller, verzweifelter Protest: Die Behauptung, dass *einmal* der Computer der Unzurechnungsfähige sein könnte.

60 Eigentlich müsste ich in Ihrem Computer schon drin sein.

Wer sagt denn so was?

Die stets hilfsbereiten Kollegen von der IT-Abteilung. Oder wie sie gelegentlich auch genannt werden: die fabulösen Helpdesk-Boys.

Was steckt dahinter?

Computer machen Ärger und treiben uns mit ihren Systemabstürzen, beschädigten Dateien und geänderten Zugangscodes zur Verzweiflung (siehe Nummer 59). Manchmal braucht man auch einfach nur einen Rat oder eine Einführung.

In solchen Fällen wendet man sich an die Zauberer, Regenmacher und Schamanen des digitalen Zeitalters, die in der IT-Abteilung arbeiten. Und zwar am so genannten Helpdesk. Dort ruft man an (die Nummer kennt jeder auswendig, denn es handelt sich immer um die meistgewählte Nummer im Unternehmen). Man schildert sein Problem und hört den beruhigenden Satz 60, mit dem die Rettungsmaßnahmen eingeleitet werden. Denn die freundlichen Helpdesk-Boys (Girls sind die Ausnahme) haben sich schon in Ihren Computer eingeloggt und das Kommando übernommen.

Was soll ich dazu sagen?

„Wo stecken Sie denn?"

Im Meeting

Meetings oder Besprechungen stehen in keinem guten Ruf. Es werde dort zu viel geredet, heißt es. Teilnehmer fühlen sich immer wieder an den Ausspruch von Karl Valentin erinnert: „Es ist schon alles gesagt worden. Nur noch nicht von allen."

Dabei haben Meetings durchaus ihren Reiz: Manchmal trifft man dort Leute, die eine Abteilung leiten, von der man gar nicht mehr wusste, dass es sie noch gibt. Dann haben Meetings den Vorteil, dass man in dieser Zeit telefonisch nicht zu erreichen ist (siehe voriges Kapitel). Und schließlich ist jedes Meeting ein Festival unvermeidlicher Sätze, die sonst ungehört bleiben würden:

- Wie etwa die Frage, ob es „dazu noch Wortmeldungen" gibt (Nummer 64),
- die „Bitte um eine kurze Antwort" (Nummer 69) oder
- der nur schwer zu vermeidende Satz vor dem letzten Tagesordnungspunkt: „Einen haben wir noch" (Nummer 73).

61 Hatten wir zwei uns eigentlich schon?

Wer sagt denn so was?

Sitzungsteilnehmer, die so viele Hände geschüttelt haben, dass sie gar nicht mehr wissen, ob Ihre schon dabei war.

Was steckt dahinter?

Komplett ausgesprochen heißt der Satz natürlich: „Hatten wir zwei uns eigentlich schon *begrüßt*?" Doch erst durch das Weglassen des bedeutungtragenden Verbs bekommt der Satz seinen leicht schelmischen Drive. Den hat er allerdings durch allzu häufigen Gebrauch schon wieder etwas eingebüßt.

Und doch dürfen wir uns über diesen Satz freuen. Wer ihn an uns richtet, der befindet sich mit uns in der Regel in bestem Einvernehmen. Uns zu begrüßen, ist etwas so Selbstverständliches geworden, dass es im Gehirn gar nicht mehr als Ereignis registriert wird.

Seine volle Wirkung entfaltet dieser Satz übrigens erst, wenn das Meeting bereits begonnen hat und sich Ihre Blicke kreuzen. Dann fällt es Ihrem Gegenüber siedend heiß ein: „Hatten wir zwei uns eigentlich schon?"

Was soll ich dazu sagen?

„Ich weiß auch nicht. Aber tun wir mal so."

62 Schauen wir mal, wie weit wir kommen.

Wer sagt denn so was?

Altgediente Sitzungsleiter oder Moderatoren.

Was steckt dahinter?

Auch wenn man es nicht glauben mag, wenn man drin sitzt: Meetings haben irgendwann ein Ende. Entweder ist dieses Ende vorher festgelegt (und wird vom Sitzungsleiter brachial durchgesetzt). Oder das Meeting wird schlagartig beendet, wenn das Alphatier keine Lust mehr hat. In jedem Fall aber gilt, dass niemals sämtliche Punkte angesprochen werden können.

Erfahrene Sitzungsleiter wissen das. Und sie bereiten die anderen darauf vor, indem sie gleich zu Beginn des Meetings Satz 62 aussprechen.

Mit diesem Satz signalisieren sie auch eine gewisse Neugier und spielerische Offenheit. So als wollten sie sich vom Verlauf des Meetings überraschen lassen. Und das ist ja gewiss kein ganz schlechter Beginn.

Was soll ich dazu sagen?

Seufzen Sie freundlich mit allen andern mit.

63 Haben Sie meine E-Mail nicht bekommen?

Wer sagt denn so was?

Teilnehmer, die kurz vor dem Meeting die Kollegen noch „auf den neuesten Stand" bringen wollten.

Was steckt dahinter?

In allen Lehrbüchern kann man es nachlesen: Ein Meeting steht und fällt mit der gründlichen Vorbereitung der Teilnehmer. Dazu gehört auch, dass jeder, der ein Thema zu verantworten hat, die anderen Teilnehmer vorher mit den nötigen Informationen versorgt.

Im „Trubel des Tagesgeschäfts" geschieht das jedoch häufig nicht. Was aber nicht viel ändert, weil alle andern im Trubel *ihres* Tagesgeschäfts sowieso nicht dazu kommen würden, Informationen aus anderen Abteilungen ernsthaft zur Kenntnis zu nehmen. Aber sicher sein, kann man da nie ...

Um sich selbst ins rechte Licht und die Kollegen ins Unrecht zu setzen, verschickt man kurz vor dem Meeting eine E-Mail, um alle „zeitnah" zu informieren.

Was soll ich dazu sagen?

Frech: „Ich habe meinen Spam-Ordner noch nicht gecheckt." Dramatisch: „Wissen Sie, was in meinem Posteingang los ist?" Fröhlich-konstruktiv: „Bringen Sie uns einfach auf den neuesten Stand."

64 Gibt es dazu noch Wortmeldungen?

Wer sagt denn so was?

Sitzungsleiter. Die erkennt man genau an diesem Satz.

Was steckt dahinter?

Es gibt drei Sätze, die ein Sitzungsleiter kennen muss. Nummer 64 ist einer von ihnen. Immer wenn sich die Teilnehmer über ein Thema hinreichend ausgesprochen haben, stellt der Sitzungsleiter diese Frage. Und zwar in einem leicht verzweifelten Tonfall, der unmissverständlich signalisiert, dass man jetzt sein Rederecht nicht leichtfertig beanspruchen sollte.

Allerdings gibt es schon einmal auch den umgekehrten Fall: Ein wichtiger Punkt steht auf der Tagesordnung – und keiner sagt was. Der Verantwortliche spricht ein paar Sätze, das Alphatier stellt eine Alibifrage – und alle übrigen schweigen. Auch dann ist Nummer 64 fällig – allerdings ohne das Wörtchen „noch" und in einem ebenfalls leicht verzweifelten Tonfall, der diesmal eher bittend ausfällt. In dem Sinne: „Sag doch mal einer was."

Welcher unvermeidliche Satz folgt anschließend?

„Das ist nicht der Fall. Dann kommen wir jetzt zur Abstimmung ..."

65 Still – oder mit Kohlensäure?

Wer sagt denn so was?

Kooperative Teilnehmer, die einen nützlichen Redebeitrag leisten und das dringend benötigte Mineralwasser an ihre Kollegen weiterreichen.

Was steckt dahinter?

Zum Glück gibt es Wasser. Sonst wäre ein Meeting kaum zu überstehen. Der Gaumen würde eintrocknen. Und das Hirn. Manche wüssten auch gar nicht, was sie die ganze Zeit über tun sollten, in diesem Meeting. Zuhören? Sich selbst äußern und sich mit allen anlegen, die die Angelegenheit bereits unter sich ausgemacht haben? Da kommt so ein Wasser gerade richtig.

Man kann es selbst trinken, den Nachbarn anbieten oder aber jemanden bitten, der vor einer Batterie von Flaschen sitzt, einem ein Wasser zu verschaffen. Prompt kommt die Rückfrage Nummer 65 – und man befindet sich bereits im Smalltalk, der uns Deutschen ja so schwerfällt.

In aller Regel stehen auch andere Getränke zu Verfügung: Cola, Fruchtsäfte, Kaffee oder Tee. Aber die haben alle einen eigenen Geschmack. Sogar Tee, der unter Kaffeetrinkern als „gefärbtes Wasser" gilt. Richtiges Wasser ist hingegen neutral und nüchtern. Wer Wasser trinkt, verrät nichts über sich. Eben darum sollte man bei einem Meeting Wasser trinken. Die Frage ist nur: Still? Oder mit Kohlesäure?

66 Da machen Sie aber ein Fass auf!

Wer sagt denn so was?

Teilnehmer, die Sorge haben, das Gespräch könnte ausufern.

Was steckt dahinter?

Es gehört zu den eigentümlichen Gesetzmäßigkeiten von Meetings: Je wichtiger die Teilnehmer ein Thema nehmen, desto stärker sind sie geneigt, davon abzudriften. Auf den ersten Blick scheint das ein Widerspruch zu sein. Doch der löst sich schnell auf. Denn was die Leute wichtig nehmen, das hängt eben auch mit vielen anderen Dingen zusammen, die ihnen sofort einfallen.

Und so landen sie früher oder später bei den großen Fragen der menschlichen Existenz – wenn man sie nicht rechtzeitig mit Satz 66 zurückrempelt und zwingt, beim Thema zu bleiben.

Auch wenn es sonst in geselliger Runde durchaus begrüßt wird, ein Fass aufzumachen – für Meetings gilt das eben nicht. Denn das Fass, das da geöffnet wird, ist in der Regel eines ohne Boden. Und so sind die Teilnehmer meist auch dankbar, wenn das Fass sofort wieder geschlossen wird.

Was soll ich dazu sagen?

„Müssen wir auch heute nicht klären."

67 Ich fass das mal eben zusammen.

Wer sagt denn so was?

Erfahrene Sitzungsleiter.

Was steckt dahinter?

Nach Nummer 64 ist dies der zweite Satz, den ein Sitzungsleiter kennen muss. Ein Satz, der immer dann fällt, wenn die
Teilnehmer schon eine Weile hin und her geredet haben und
jemand darüber entscheidet, welche Gedanken festgehalten
werden sollten und welche unbemerkt unter den Tisch fallen.
Denn es ist eine weitere Grundregel bei Meetings: Das meiste,
was geredet wird, geht unter, es bleibt ohne Folgen und wird
schnell vergessen. Was aber haften bleibt, das sind die Gedanken, die Eingang finden in die Zusammenfassung. Deshalb
hat ein geschickter Sitzungsleiter einen viel größeren Einfluss,
als man meint. Natürlich darf er nicht plump die Gedanken
verdrehen oder wesentliche Positionen verschweigen. Dann
erntet er Widerspruch (siehe Nummer 72). Es sind eher die
Randideen, die er hervorheben oder ausradieren kann. Und
schließlich bringt Nummer 67 die Teilnehmer dazu, allmählich
zum Ende zu kommen.

Was soll ich dazu sagen?

Gar nichts. Oder: „Sie haben nur eine Kleinigkeit vergessen ..."

68 Da bin ich ganz bei Ihnen, aber ...

Wer sagt denn so was?

Harmoniebedürftige Teilnehmer oder solche, die so tun, als seien sie harmoniebedürftig, ehe sie einen mit dem „Aber" erschlagen.

Was steckt dahinter?

Wir wollen lieber nicht genauer untersuchen, wer damit angefangen hat, seinem Gesprächspartner mit der Nummer 68 auf den Pelz zu rücken. Auf jeden Fall hat dieser Satz sich in deutschen Besprechungszimmern ausgebreitet wie die Maul- und Klauenseuche.

Dabei ist er eigentlich ziemlich unangenehm. Denn er ist so vereinnahmend wie eine große warme Chefhand, die sich unvermittelt auf Ihre Schulter legt. Überlegen Sie mal: Jemand ist bei Ihnen, sogar ganz bei Ihnen. Im beruflichen Zusammenhang will man so eine aufdringliche Nähe doch eher nicht haben.

Und es ist ja auch gar keine richtige Nähe, sondern nur das anbiedernde Vorgeplänkel, ehe mit dem „Aber" die Eisenkralle ausgefahren wird. Und auf die kommt es letztlich an.

Was soll ich dazu sagen?

„Bleiben Sie lieber ganz bei sich."

69 Mit der Bitte um eine kurze Antwort.

Wer sagt denn so was?

Teilnehmer, die noch mal nachfragen. Erfahrene Sitzungs-leiter.

Was steckt dahinter?

Und hier ist er, der dritte Satz, den ein Sitzungsleiter kennen muss (für die Teilnehmer des dreiminütigen Crashkurses: die andern sind die Nummern 64 und 67). Denn jeder, an den eine Frage gerichtet wird, neigt dazu, seine Antwort soweit aus-zudehnen, bis niemand mehr so genau weiß, was er eigentlich gesagt hat.

Manchmal ist das auch ein Trick. Weil der Antwortende auf diese Weise vortäuscht, er hätte unendlich viel zu sagen. Weil das aber niemand versteht, ist man geneigt, dem weit Aus-holenden zu folgen. Er wird immerhin wissen, worum es geht. Oft ist das aber genau der Irrtum und deshalb gibt es Satz 69, der die Aufmerksamkeit der ganzen Runde darauf lenkt, ob der Gefragte das hinbringt. Überschreitet er jetzt das Limit, ist man geneigt, ihn für eitel und / oder inkompetent zu halten.

Was soll ich dazu sagen?

Antworten Sie knapp und sagen Sie anschließend den unver-meidlichen Satz: „Ich hoffe, das war kurz genug."

70 Da muss ich mich erst mal aufschlauen.

Wer sagt denn so was?

Teilnehmer, die sich noch nicht festlegen wollen. Oder mit gewohnter Lässigkeit mitteilen, dass sie keine Ahnung haben.

Was steckt dahinter?

Es kommt immer wieder vor, dass man bei einem Meeting gebeten wird, einen bestimmten Sachverhalt einzuschätzen, weil man in diesem Kreis als zuständig oder allwissend gilt (zwei Eigenschaften, die sich gewöhnlich ausschließen). Oder jemand bittet die Runde um ein „Stimmungsbild", damit er einen dann später auf diese Position festnageln kann.

In solchen Fällen hilft die Nummer 70, Zeit zu gewinnen. Wenn man nicht sogar ganz ohne Aufschlauen davonkommt, weil später sowieso niemand mehr dran denkt.

Früher sagte man übrigens „schlau machen" statt „aufschlauen". Aber erstens klingt „schlau machen" verdächtig nach „blau machen". Zweitens hat es sich durch häufigen Gebrauch abgenutzt. Und drittens wirkt „aufschlauen" irgendwie schlauer als „schlau machen". Der Aufschlauende ist nämlich bereits schlau und benötigt für die betreffende Sache nur noch eine Extradosis Schlauheit.

71 Ich habe Sie vorhin auch nicht unterbrochen.

Wer sagt denn so was?

Teilnehmer, die durch ihren Redebeitrag gerade jemanden zum Überkochen bringen.

Was steckt dahinter?

Eigentlich soll man den andern ja ausreden lassen. Wer das nicht tut, missachtet eine Grundregel unserer Gesprächskultur. Doch wie das mit Grundregeln so ist: Im Ernstfall hält sich kaum jemand daran. Das gilt erst recht, wenn man durch ein beherztes Dazwischenfahren seinen Widersacher aus dem Konzept bringen kann (vorausgesetzt, er hatte eines).

Wer hingegen unterbrochen wird, tut gut daran, mit keiner Silbe auf die Kommentare einzugehen. Viel wirksamer ist es, den andern als Störer und Krawallmacher hinzustellen. Dazu gibt es viele bewährte bis unvermeidliche Sätze wie etwa: „Lassen Sie mich bitte ausreden?!" Oder: „Darf ich diesen Gedanken zu Ende führen?!" Oder „Jetzt bin ich erst mal dran. Sie können nachher." Darauf folgt ein „Danke". Und wenn der andere in seinem Ärger verstummt, ist es Zeit für Satz 71.

Was soll ich dazu sagen?

Verkneifen Sie sich die Bemerkung: „Ich habe vorhin auch nicht so einen Unsinn geredet wie Sie jetzt gerade."

72 Vermerken Sie das bitte im Protokoll.

Wer sagt denn so was?

Teilnehmer mit einem Hang zur Pedanterie. Erwachsene Menschen, die überzeugt sind, in ein Protokoll gehörten Sätze wie „Frau Frese-Matern meldete Bedenken an." Oder: „Trotz ausdrücklicher Bitte mehrerer Teilnehmer wurde über die Bestuhlung nicht diskutiert."

Was steckt dahinter?

Bei wichtigeren Meetings wird ein Protokoll geführt, damit hinterher jeder weiß, was besprochen und was beschlossen wurde (nicht selten weicht das eine bedenklich vom andern ab). Dabei zeichnet das Protokoll nur die wirklich wesentlichen Punkte nach. Und zwar in möglichst schlichten und neutralen Worten. Ein Protokoll ist keine detaillierte Chronik und auch kein Kriegsbericht. Der heldenhafte Einsatz einzelner Teilnehmer wird gewöhnlich mit Schweigen übergangen. Und eben das geht einzelnen Teilnehmern einfach nicht in den Kopf. Vor allem denjenigen, die sich durch den erwähnten heldenhaften Einsatz hervortun. Empört wenden sie sich an den Protokollführer und stoßen mit bebender Stimme Satz 72 hervor.

Was soll ich dazu sagen?

Natürlich taucht der Satz später nicht mehr auf. Diplomatische Protokollführer sagen dennoch: „Ist notiert."

73 Einen haben wir noch.

Wer sagt denn so was?

Sitzungsleiter, die erleichtert feststellen, dass sich allmählich das Ende des Meetings abzeichnet.

Was steckt dahinter?

Wenn der letzte Tagesordnungspunkt erreicht ist, dann äußern nicht wenige Sitzungsleiter mit verschmitztem Lächeln die Nummer 73. Und alles freut sich über die Lockerheit, mit der sie das wieder hingebracht haben.

Woher der Spruch stammt, lässt sich nicht mehr feststellen. Vermutlich aber aus dem Umfeld professioneller Witzeerzähler, die einen Gag nach dem andern auf ihr Publikum abfeuerten. Und wenn alle dachten, es wäre schon überstanden, überraschte der Witzeerzähler die johlende Meute mit den Worten: „Ach ja, einen haben wir noch." Und dann folgte ein weiterer spitzenmäßiger Kalauer.

Im Meeting darf das nachlässig hingeworfene „Ach ja" schon mal wegfallen. Und doch ist der Nummer 73 eine gewisse Nähe zum Entertainment noch anzumerken.

Welcher Satz folgt als nächstes?

In manchen Kreisen fällt auf die Nummer 73 geradezu zwanghaft der Spruch: „Ja, einer geht noch, einer geht noch rein."

74 Schon klar, aber was wollen wir nach außen kommunizieren?

Wer sagt denn so was?

Teilnehmer, die sich für ausgebuffte Kommunikationsprofis halten.

Was steckt dahinter?

Bei so einem Meeting werden allerlei Dinge besprochen, die nicht für die Öffentlichkeit bestimmt sind. Deswegen dürfen die Teilnehmer solche Angelegenheiten auch nicht ausplaudern, ja, nicht einmal twittern (selbst wenn sich die Anzahl ihrer Follower im einstelligen Bereich bewegt).

Manchen Teilnehmern fällt das schwerer als anderen. Deswegen brauchen sie den abgebrühten Satz 74. Denn wenn sie schon nicht verraten dürfen, was besprochen wurde, darüber zu schweigen ist für sie völlig undenkbar. Und so sind sie brennend daran interessiert zu erfahren, was „nach außen kommuniziert" werden soll.

Sie glauben nämlich, dass sie den Leuten da draußen jeden Schwindel erzählen können. Dabei geht es ihnen allerdings gar nichts ums Schwindeln, sondern ums Erzählen.

Was soll ich dazu sagen?

Als Vorgesetzter erwidern Sie den unvermeidlichen Satz 84: „Bieten Sie mir mal was an."

75 Wenn das die Lösung sein soll, dann will ich mein Problem zurück.

Wer sagt denn so was?

Teilnehmer, deren Thema gerade erörtert wurde und die mit den geäußerten Vorschlägen nicht vollkommen einverstanden sind.

Was steckt dahinter?

In einem Meeting kommen immer wieder Fragen auf den Tisch, für die eine bestimmte Fachabteilung zuständig ist. Das Thema soll nun aber abteilungsübergreifend (manche sagen hier schon „ganzheitlich") erörtert werden. Dahinter steht die Überzeugung, dass mehrere, die keine Ahnung haben, bessere Entscheidungen treffen als einer, der ebenfalls keine Ahnung hat. Das Ganze nennt sich „die Weisheit der vielen".

Wirklich Brauchbares kommt dabei selten heraus. Und so muss man seinen Kollegen gelegentlich mal zu verstehen geben, dass ihre Vorschläge nichts taugen. Die Nummer 75 liefert die geeignete Formulierung dafür.

Was soll ich dazu sagen?

Was Sie wollen, nur nicht: „Es gibt keine Probleme, sondern nur Herausforderungen." (siehe Nummer 76)

Hier spricht der Chef

Vorgesetzte zeichnen sich gegenüber ihren Mitarbeitern dadurch aus, dass sie viel zu sagen haben. Studien belegen, dass bei einem Meeting keiner so viel redet wie der Chef. Dabei greift er gerne auf ein Arsenal unvermeidlicher Sätze zurück. In ihrer Gesamtheit bilden diese Sätze eine eigene Sprache, das Chefdeutsch, das sich vom Alltagsdeutsch gewaltig unterscheidet. Ein Satz kann einen geradezu gegensätzlichen Sinn ergeben – je nachdem, ob er dem alltags- oder chefdeutschen Idiom entstammt. Mitarbeiter müssen chefdeutsche Sätze immer erst in ihre Sprache übersetzen. Nur ganz blutigen Anfängern entgeht der eigentliche Sinn der Aussage – und natürlich dem Chef selbst.

- So ist ihm unverständlich, warum die Belegschaft verstört reagiert, wenn er von „großen Herausforderungen" spricht (Nummer 76).

- Dabei will der Chef doch nur, dass „wir noch erfolgreicher werden" (Nummer 91).

- Damit es am Ende wieder einmal heißt: „Vielen Dank an der Stelle." (Nummer 92).

76 Wir stehen vor großen Herausforderungen.

Wer sagt denn so was?

Vorgesetzte, die vor großen Problemen stehen.

Was steckt dahinter?

Man muss nur mit der richtigen Einstellung an die Sache herangehen, meinen viele Chefs. Wer überall nur Probleme sieht, der fühlt sich schnell überfordert und packt die Dinge gar nicht erst richtig an. Daher betrachten es nicht wenige Führungskräfte als Herzensangelegenheit, Probleme gar nicht erst aufkommen zu lassen.

Ihre Methode besteht darin, die vielen Probleme, die man am Hals hat, nicht mehr so zu nennen, sondern als „Herausforderung" zu betrachten. Probleme ziehen einen runter, Herausforderungen warten nur darauf, angenommen zu werden. Sie spornen an, glaubt der Chef.

Dabei wissen alle, wenn der Chef von großen Herausforderungen spricht, dann ist die Lage richtig ernst. Und das traut er sich noch nicht einmal zu sagen.

Was soll der Chef denn sonst sagen?

Wer ernst genommen werden will, schlägt einen Bogen um das verlogene Wort „Herausforderung". In der Sprache der Political Correctness bedeutet „intellektuell herausgefordert" übrigens so viel wie „dumm".

77 Das ist eine klassische Win–win–Situation.

Wer sagt denn so was?

Vorgesetzte, die einem zu verstehen geben wollen: Sogar Sie als der geborene Loser haben etwas davon.

Was steckt dahinter?

Unser Berufsleben ist geprägt vom Konkurrenzkampf. Der eine gewinnt, die andern haben das Nachsehen. Der eine bekommt den Auftrag, die andern teilen sich den zweiten Platz und gehen leer aus. Wer immer nur auf dem zweiten Platz landet, für den ist das auf Dauer ganz schön bitter. Vielleicht hat er gar keine Lust mehr, sich anzustrengen, weil er ja doch immer nur den Kürzeren zieht.

Für solche Fälle gibt es die so genannten Win-win-Situationen: Die heißen so, weil da angeblich jeder gewinnt und es keine Verlierer mehr gibt. Zum Beispiel: Zwei streiten sich um eine Orange. Üblicherweise würde der sie bekommen, der sie sich als erster grapscht. Eine Win-win-Situation könnte sich ergeben, wenn sich herausstellt, dass der eine das Fruchtfleisch will und der andere die Schalen. Raten Sie mal, für wen im konkreten Fall die Schalen vorgesehen sind.

Was soll ich dazu sagen?

„Was gibt es denn zu gewinnen?"

78 Wir müssen das Rad nicht neu erfinden.

Wer sagt denn so was?

Vorgesetzte, die bei der Konkurrenz die guten Ideen vermuten, die ihren Mitarbeitern fehlen.

Was steckt dahinter?

Natürlich sollen Mitarbeiter kreativ sein. Doch für ihre Vorgesetzten ist das kein Vergnügen. Denn erstens sind kreative Mitarbeiter unberechenbar, zweitens brauchen sie so lange, bis sie eine passable Idee zustande bringen. Und drittens ist dann noch nicht einmal sicher, ob die Idee wirklich so grandios ist, wie alle in ihrem Kreativwahn glauben.

Viel sicherer, schneller und billiger ist es, Ideen von anderen zu übernehmen, sie ein bisschen abzuändern und damit zu arbeiten. Schließlich haben es die großen Erfinder auch nicht anders gehalten, wenn man ihnen genau auf die Finger schaut. „Wir sind Zwerge auf den Schultern von Riesen", sagte schon der mittelalterliche Gelehrte Bernhard von Chartres, um auszudrücken, dass wir immer auf alten Ideen aufbauen. Und nicht einmal Bernhard hat sich diesen klugen Spruch selbst ausgedacht.

Was soll ich dazu sagen?

Enthusiastische Zustimmung. Wer will schon jeden Tag Räder erfinden?

79 Die haben einen tollen Job gemacht.

Wer sagt denn so was?

Vorgesetzte, die ihre Anerkennung für die Leistung Dritter aussprechen – und die eigenen Mitarbeiter hören mit.

Was steckt dahinter?

Unter einem „tollen Job" stellen sich die Mitarbeiter etwas vor, was sie selbst gerne hätten. Was ihnen aber wohl versagt geblieben ist, wenn sie für jemanden arbeiten müssen, der solche Sätze sagt.

Denn wer auf Chefdeutsch einen tollen Job macht, der muss sich dafür meist ziemlich quälen. Nicht selten handelt es sich um idealistische junge Leute mit unsicherer Beschäftigungsperspektive, die sich tief in ihre Aufgabe hineinknien. Die sind noch begeisterungsfähig, mosern nicht rum und liefern mit strahlendem Lächeln ein makelloses Ergebnis ab.

Doch richtet sich die Botschaft von Nummer 79 natürlich an die eigenen Leute. Denen will der Chef zu verstehen geben: „Seht ihr, so geht es also auch."

Welcher Satz folgt als nächstes?

Wenn es wirklich hart kommt: „Und die kriegen nicht mal Geld dafür."

80 Für Sie ändert sich erst mal überhaupt nichts.

Wer sagt denn so was?

Führungskräfte, die ihrer Belegschaft unangenehme Neuigkeiten mitzuteilen zu haben (und doch nur einen Teil davon wirklich aussprechen).

Was steckt dahinter?

Steht ein Unternehmen vor „großen Herausforderungen" (siehe Nummer 76), können tief greifende Veränderungen nicht ausbleiben: Vergünstigungen werden gestrichen, Aufgaben neu verteilt, Abläufe beschleunigt, Mitarbeiter vor die Tür gesetzt oder Betriebsteile geschlossen.

Zugleich soll aber die Belegschaft nicht verunsichert, sondern „mitgenommen" werden. Ein Vorhaben, das eigentlich immer misslingt. Bedeutenden Anteil daran hat der unvermeidliche Satz Nummer 80.

Jeder, der nur ein wenig Chefdeutsch versteht, kann sich zusammenreimen, was es zu bedeuten hat, wenn sich für einen „erst mal" nichts, ja „überhaupt nichts" ändert. Die Botschaft, die bei den Mitarbeitern ankommt, lautet: „Machen Sie erst mal so weiter, Sie sind als nächste dran."

Welcher Satz folgt als nächstes?

„Und dann ergeben sich für manche von Ihnen sogar neue Chancen."

81 Denen werde ich das Thema erst mal locker anmassieren.

Wer sagt denn so was?

Umtriebige Führungskräfte, die gegenüber einem Kunden nicht mit der Tür ins Haus fallen wollen. Manche Themen müssen aber auch den eigenen Leuten „anmassiert" werden.

Was steckt dahinter?

In unserer schnelllebigen Zeit ändert sich so vieles. Es kommen neue Produkte auf den Markt, neue Technologien mit neuen Abkürzungen werden entwickelt und neue Mitarbeiter mit neuen Verkaufsstrategien auf uns losgelassen. Bei alldem darf man die Menschen nicht überfordern, sie nicht mit Infos „zuschütten" oder gar „zuknallen" (früher knallte man nur Türen zu, heute auch Kunden). Sonst reagieren sie (wie wir es von den niederen Säugetiere kennen) mit einem Abwehrreflex. Manche Kunden stellen sich sogar tot, um dem Zuknallen zu entgehen.

Daher müssen die Leute behutsam an die Dinge herangeführt werden. Und dafür gibt es kaum eine so anschauliche Formulierung wie die Nummer 81. In ihr verbindet sich das Entspannende, Blockadelösende mit dem handfest Flapsigen. Zumal nach dem Anmassieren der Kunde natürlich erst richtig durchgeknetet werden muss.

82 Keine Einwände. Bis jetzt.

Wer sagt denn so was?

Führungskräfte, die ihren Mitarbeitern weismachen wollen, dass sie sich nichts vormachen lassen.

Was steckt dahinter?

Vorgesetzte müssen die Leistungen ihrer Mitarbeiter beurteilen. Das ist immer ein bisschen gefährlich. Vor allem wenn das Urteil positiv ausfällt und der Mitarbeiter sich gar nicht richtig angestrengt hat (was aus Sicht des Vorgesetzten immer der Fall ist). Dann glaubt der Mitarbeiter nämlich, er könnte hier mit halber Kraft durchkommen, solange er seine Schlampereien nur geschickt genug verbirgt.

Doch auch ein negatives Urteil ist riskant. Der Mitarbeiter wird entmutigt und strengt sich nun erst recht nicht an. Außerdem muss man ein negatives Urteil immer begründen und sagen, wie der Mitarbeiter es hätte besser machen können. Das ist schwierig, wenn einem gar nichts aufgefallen ist.

Einen Ausweg aus dem Dilemma weist Satz 82. Der Chef spricht seine Anerkennung aus, aber nur als vorläufig. Das angehängte „Bis jetzt" wird gerne mit einem leicht drohenden Unterton ausgesprochen. Denn der Mitarbeiter soll annehmen: Der Chef, der lässt sich einfach nichts vormachen.

Was soll ich dazu sagen?

„Dankeschön. Bis jetzt."

83 Da müssen wir uns mal selber loben.

Wer sagt denn so was?

Gutgelaunte Vorgesetzte, die sich selber loben (müssen).

Was steckt dahinter?

Es läuft gut. Es läuft aber erst richtig gut und „rund", wenn man allen erzählt, dass es gut (bzw. rund) läuft. Das Problem ist nur, dass alle immer sagen, dass es rund (und gut) läuft. Sogar wenn es ganz schlecht läuft, sagen viele: „Es läuft richtig gut (oder rund)." Zumindest wenn sie Chefdeutsch sprechen.

Abhilfe verspricht Satz 83. Der ist ausgefuchster, als es zunächst den Anschein hat. Denn er macht sich die Höflichkeitsregel zunutze, nach der man sich nicht selber loben soll. Genau das geschieht nun aber. Warum nur? Weil man eine so kolossale Leistung hingelegt hat, dass man den Verstoß gegen die Höflichkeitsregel in Kauf nimmt. Man handelt aus einem höheren Zwang heraus, denn man kann ja gar nicht anders, man muss sich selber loben.

Gemildert wird das Eigenlob dadurch, dass der Chef im Plural spricht. Und wenn er Satz 83 zu seinen Mitarbeitern sagt, dann bezieht er sie sogar mit ein, beim Sich-selber-auf-die-Schulter-Klopfen.

84 Bieten Sie mir mal was an.

Wer sagt denn so was?

Führungskräfte, die auf die Frage ihrer Mitarbeiter antworten: „Wie möchten Sie es denn haben?"

Was steckt dahinter?

Mitarbeiter sollen doch auch mal selbstständig sein. Sie sollen mitdenken und eigenverantwortlich handeln, heißt es immer. Das wirkt motivierend und schont die Nerven ihrer Vorgesetzten.

Auf der anderen Seite kann man die Mitarbeiter auch nicht sich selbst überlassen. Man muss ihnen Leitplanken vorgeben und ihnen immer wieder auf die Finger sehen. Sonst läuft die Sache aus dem Ruder – findet der Vorgesetzte, der seine Mitarbeiter mit Satz 84 quält.

Seine Mitarbeiter wollen sich nämlich absichern, sie möchten sich Ärger und hämische Kommentare ersparen. Doch ihr Chef hat vielleicht gerade Lust auf Ärger und hämische Kommentare. Außerdem weiß er noch gar nicht so genau, was er überhaupt will.

Welcher Satz folgt als nächstes?

„Sie sind doch so kreativ." Dabei wird das Wort „kreativ" gerne mit einem Hauch von Verachtung ausgesprochen.

85 Kommen Sie in der Sache noch mal auf mich zu.

Wer sagt denn so was?

Führungskräfte, die gerade auf der Leitung stehen und / oder einen übereifrigen Mitarbeiter abwimmeln müssen.

Was steckt dahinter?

Als Führungskraft ist man nicht zu beneiden. Ständig wollen die Leute etwas von einem: Informationen, Anweisungen (siehe Nummer 84), Ratschläge oder sogar Lob (siehe Nummer 83). Kein Wunder, dass stark beanspruchte Führungskräfte gelegentlich nicht ganz bei der Sache sind und allenfalls vage ahnen, wovon ihr Gegenüber gerade spricht.

Für solche Fälle braucht der Chef Satz 85. Mit diesen Worten bringt er seinen Gesprächspartner augenblicklich zum Schweigen, ohne ihn vor den Kopf zu stoßen. Im Gegenteil, wird die Nummer 85 im engagierten Cheftonfall vorgetragen, fühlt sich der andere womöglich sogar besonders ernst genommen. Der will sich für mich ausreichend Zeit nehmen, denkt er.

Für den Vorgesetzten geht es auch darum, Zeit zu gewinnen. Es kann durchaus vorkommen, dass er gleich im Anschluss seine Assistentin fragt: „Wer war das gerade? Und worum ging es?" Und wenn das die Assistentin auch nicht weiß, dann hat sich der Fall ohnehin erledigt.

86 Die müssen sich committen, ehe wir sie supporten.

Wer sagt denn so was?

Führungskräfte, die annehmen, dass ihr „Wording" absolut „State of the Art" ist.

Was steckt dahinter?

Es ist schon lange her, da man seine Gesprächspartner beeindrucken konnte, wenn man hin und wieder englische Begriffe einstreute. Und zwar nicht irgendwelche, sondern die aktuellen Buzzwords, schicke Managementwörter, die vornehmlich aus den USA eingeschleppt wurden.

Mittlerweile haben diese Begriffe ihren Glanz verloren. Geblieben sind sie dennoch. Es hat sich nämlich gezeigt, dass man im Businesstalk nicht auf sie verzichten kann. Never ever. So kann man „sich committen" nicht einfach durch die deutsche Übersetzung von „to commit" (= verpflichten, festlegen, binden) ersetzen. Und „supporten" bedeutet nicht einfach nur „unterstützen".

Man würde Satz 86 etwas Entscheidendes wegnehmen, wenn man einfach nur sagen würde: „Die müssen sich verbindlich festlegen, ehe wir sie unterstützen." Aber was? Na ja, den Spirit halt.

Was soll ich dazu sagen?

„Da bin ich vollkommen d'accord."

87 Nicht reden – machen.

Wer sagt denn so was?

Ungeduldige Machertypen, die sich Bedenkenträger vom Hals halten wollen. Entscheidungsfreudige Führungskräfte, die lieber erst handeln und dann nachdenken. Wobei Schritt zwei oft auch entfallen kann.

Was steckt dahinter?

Darauf reagieren Führungskräfte im Allgemeinen sehr empfindlich: Wenn jemand klug daherredet (Stufe 1), Einwände erhebt (Stufe 2) oder auch noch Gegenvorschläge macht (Alarmstufe rot). So einer bedroht die eigene Führungsrolle. Denn wenn jemand eine Entscheidung kommentieren darf, dann nur der Chef.

Um solche unangenehmen Gespräche abzuschneiden, gibt es Satz 87. Mit ihm wird der andere in die Ecke der Besserwisser, Bremser und Bedenkenträger gestellt. Der Vorgesetzte hingegen präsentiert sich als derjenige, der die Dinge antreibt. Ohne ihn würde die Arbeit mal wieder liegen bleiben.

Satz 87 eignet sich obendrein dazu, eine Gruppe von Mitarbeitern aufzuscheuchen, die sich wieder mal erst absprechen wollen, ehe sie die Aufgabe beginnen.

Welcher Satz folgt als nächstes?

„Sonst geht hier gar nichts voran."

88 Der Kunde kauft bei uns kein Produkt, er kauft ein Lebensgefühl.

Wer sagt denn so was?

Führungskräfte, die „über den eigenen Tellerrand hinausdenken" und deren Aussagen bei ihren Zuhörern ein verständiges Nicken auslösen, weil sie diesen Satz schon mindestens 30 Mal woanders aufgeschnappt haben.

Was steckt dahinter?

Hin und wieder muss einfach mal ein bedeutsam klingender Satz her. Am besten einer, bei dem sich jeder selbst zusammenreimen kann, was genau gemeint ist. So wie bei Satz 88, der angenehm allgemein bleibt und doch den Anschein erweckt, etwas Überraschendes mitzuteilen.

Denn kann man ein Lebensgefühl kaufen? Aber ja, wenn man genauer nachdenkt: Kunden tun heutzutage nichts anderes. Sie kaufen sich ein Handy, Turnschuhe, Kaffee, Brotaufstrich – und schleppen einen prallgefüllten Sack Lebensgefühl mit nach Hause. Dort packen sie das Lebensgefühl aus und wissen nicht mehr viel damit anzufangen. Sie hängen es weg, in ihren Lebensgefühlschrank, in dem viele alte Lebensgefühle herumhängen, die schon ganz grau geworden sind.

So ist das heute, im 21. Jahrhundert, im Zeitalter der vernetzten Erlebnisökonomie. Mit Facebook, Twitter, Red Bull und vielen bunten Communities. Noch Fragen?

89 Das können Sie praktisch eins zu eins so übernehmen.

Wer sagt denn so was?

Antreiber, Tatmenschen, Problemlöser, kurz, Führungskräfte, die wissen, wie es gemacht wird.

Was steckt dahinter?

Führungskräfte müssen vor allem dafür sorgen, dass „es voran geht" (siehe Nummer 87). Wenn Mitarbeiter zweifeln, zögern, nicht wissen, wie sie ihre Aufgabe angehen sollen, dann sind Führungskräfte gefordert, „Lösungen aufzuzeigen".

„Lösungen" ist Chefdeutsch und heißt: Da gab es mal eine Situation, die ist zwar überhaupt nicht vergleichbar, aber da hat mal jemand etwas ausprobiert, was irgendwie auch nicht funktioniert hat. Doch das weiß heute niemand mehr, weil aus irgendeinem glücklichen Zufall sich das Blatt noch gewendet hat.

Manchmal bestehen Lösungen auch nur darin, sämtliche Probleme zu ignorieren und einfach mal loszulegen. Aus Sicht der Antreiber ist das ohnehin die beste Methode. Denn das Entscheidende an den Lösungen besteht darin, dass man sie praktisch immer, „eins zu eins so übernehmen kann".

Welcher Satz kommt als nächstes?

„Also – wo ist das Problem?"

90 Ich vermute mal: Wenn ich es nicht verstehe, verstehen es die Kunden auch nicht.

Wer sagt denn so was?

Führungskräfte, die mit einem Prankenhieb einen Vorschlag erledigen müssen.

Was steckt dahinter?

Führungskräfte müssen nicht nur antreiben (siehe Nummer 87, 89), mindestens genauso wichtig ist das „Ausbremsen". Mal haben sie es mit überambitionierten Mitarbeitern zu tun, mal mit profilierungssüchtigen Konkurrenten und natürlich mit externen Dienstleistern, die irgendwelche oberschlauen Konzepte vorlegen.

Hier bringt Satz 90 die Rettung. Man pickt sich irgendein Detail heraus, das man verdreht und / oder gründlich missversteht. Wenn der andere die Sache aufklärt, schüttelt man nur den Kopf und gibt Satz 90 zum Besten. Das klappt fast immer. Denn alles, was kompliziert, unverständlich und schwierig erscheint, das hat keine Chance. Es funktioniert nicht und die Kunden wollen es auch nicht.

Was aber, wenn es sich um einen ganz simplen Vorschlag handelt, den jeder auf Anhieb versteht? Dann kommt als Alternative Satz 90b ins Spiel: „Sie stellen sich die Sache wohl ein bisschen einfach vor?"

91 Wir wollen noch erfolgreicher werden.

Wer sagt denn so was?

Führungskräfte, die in der Verlegenheit sind, ein strategisches Ziel festlegen zu müssen.

Was steckt dahinter?

„Wer das Ziel nicht kennt, kann den Weg nicht finden." Mit solchen Sprüchen werden Führungskräfte dazu gedrängt, Ziele festzulegen. Aber nicht das, was man sich täglich vornimmt (und wieder aufschiebt), sondern langfristige, strategische Ziele. Leitsterne, die einem bei der Arbeit den Weg weisen und an denen man sich orientieren kann. Und wie das so ist mit den Leitsternen: Ganz wichtig ist, dass man sie nie erreicht. Sonst kann es wieder von vorne losgehen mit der Zielfindung.

Aber heute, da sich alles so rasend schnell ändert, wird es immer schwieriger Ziele zu finden, die nicht schon überholt sind, wenn man sie ganz ausformuliert hat. Daher behelfen sich die meisten damit, dass sie Ziele ausgeben, die unter allen denkbaren Umständen noch gelten. Wie zum Beispiel „Erfolg". Doch Erfolg kann nur für die Erfolglosen ein Ziel sein. Also bedarf der Satz einer kleinen Umformulierung, um ihn zu einer immerwährenden „Herausforderung" (siehe Nummer 76) werden zu lassen.

92 Vielen Dank an der Stelle.

Wer sagt denn so was?

Führungskräfte, die sich bei jemandem bedanken und gleichzeitig den Dank irgendwie begrenzen wollen.

Was steckt dahinter?

Vor langen Jahren tauchte die Formulierung „an der Stelle" auf. Sprachforscher sichteten sie im universitären Umfeld, unter Pädagogen und Sozialwissenschaftlern. Wann immer dort in einem Diskussionsbeitrag ein Gedanke abgeschlossen war, schoben diese Leute damals ein bestätigendes „An der Stelle" hinterher. So als gelte es, den allzu abgehoben daherkommenden Gedanken an irgendeinem Ort in der Wirklichkeit festzumachen, eben an der Stelle.

Irgendwann wilderte diese Formulierung aus, heftete sich an das unverdächtig klingende „Vielen Dank" und erreichte schließlich die Führungsetagen deutscher Unternehmen. Als Überträger galten Führungskräftetrainer und Managementberater. Denn viele von ihnen haben früher Pädagogik und Sozialwissenschaften studiert. Das meiste davon haben sie längst vergessen, nicht jedoch die drei erwähnten Worte.

Ähnlich muss es dann den Managern gegangen sein, die ihre Formulierung aufgegriffen und an die Dankesworte angeheftet haben. Ihre „Stelle" macht den Dank einerseits konkret, andererseits begrenzt sie ihn auch. In dem Sinne von: „Den Dank haben wir schon mal abgehakt."

Kommunizieren mit dem Vorgesetzten

Natürlich spricht nicht nur der Chef mit seinen Mitarbeitern. Dann und wann richten diese auch das Wort an ihn. Um

- ihm zu schmeicheln,
- ihn abzulenken,
- ihn für sich einzunehmen,
- sich für die miserable Arbeitsleistung zu rechtfertigen oder
- Vorteile für sich herauszuholen.

Wer gegenüber seinem Vorgesetzten bestehen will, muss diese bewährten Sprüche kennen und immer parat haben. Während es für den Vorgesetzten darauf ankommt, die eigentliche Botschaft aus den Worten herauszulesen. Es ist das gleiche Spiel wie im vorangegangenen Kapitel, nur eben mit umgekehrten Vorzeichen.

93 An dem Thema bin ich dran.

Wer sagt denn so was?

Mitarbeiter, die von der Nachfrage ihres Vorgesetzen überrascht werden: „Was macht eigentlich das xy-Projekt? Sind
Sie da schon weitergekommen?"

Was steckt dahinter?

In jedem Unternehmen gibt es so genannte „immerwährende"
Themen. Randständige Projekte, die so komplex sind, dass sie
niemals zum Abschluss gelangen, Aufgaben, um die sich
jemand mal kümmern müsste, wenn jemand mal Zeit hätte,
Nebensächlichkeiten, von denen behauptet wird, dass sie ein
„ungeheures Einsparpotenzial" zutage fördern würden. Solche
Themen werden von aufmerksamen Führungskräften immer
mal wieder abgefragt. Nicht weil sie irgendeinen Fortschritt in
dieser Sache erwarten, ja, sie erhoffen ihn nicht einmal.
Vielmehr geht es darum, dem Mitarbeiter das Gefühl zu
geben: Hier gibt es immer etwas zu tun. Und: Dein Chef hat
auch die Randgebiete immer fest im Blick.

Die denkbar beste Reaktion ist Satz 93. Dass der Mitarbeiter
an dem Thema „dran" ist, klingt nach hartnäckigem Auf-die-
Pelle-Rücken. Dabei bleibt alles hinreichend unverbindlich, so
dass Satz 93 sogar dann möglich ist, wenn noch gar nichts
geschehen ist. Genau das wird übrigens auch vorausgesetzt.

Was soll ich dazu sagen?

„Gut so. Ich komme im April noch mal auf Sie zu."

94 Eine meiner leichtesten Übungen.

Wer sagt denn so was?

Mitarbeiter, die von ihrem Vorgesetzen eine schwierige Aufgabe übertragen bekommen, die sie entweder mit bewundernswerter Leichtigkeit oder gar nicht bewältigen können.

Was steckt dahinter?

Es gibt Bemerkungen, die sind das Popcorn des Arbeitsalltags. Knalldumm, aber man hat sich im Laufe der Jahre daran gewöhnt und kann irgendwann nicht mehr darauf verzichten. Eine solche Bemerkung ist die Nummer 94. Manche Leute kommen nicht mehr ohne sie aus. Bittet man sie um einen Gefallen, sagen sie: „Eine meiner leichtesten Übungen." Kommt der Chef vorbei und überträgt ihnen die Projektleitung, so sagen sie wieder: „Eine meiner leichtesten Übungen." Dabei wird dieser Satz stets mit einem humorigen Unterton intoniert, was die Sache noch rätselhafter macht. Denn es ist nicht im Geringsten erkennbar, ob der Sprecher sagen will: „Wird erledigt, kein Problem. Haha." Oder doch eher das Gegenteil: „Da bin ich völlig überfordert. Haha." Sogar ein Mittelweg scheint möglich: „Wird erledigt, aber erwarten Sie keine Wunderdinge. Haha."

Was soll ich dazu sagen?

Versuchen Sie es mit dem alten bayerischen Spruch: „Leicht ist schwer was." – Und das „Haha" nicht vergessen.

95 Aber das kriegen wir schon hin.

Wer sagt denn so was?

Mitarbeiter, denen gerade etwas Dummes passiert ist.

Was steckt dahinter?

Wenn der Chef schon von Berufswegen alles schönreden muss, so gilt das in noch höherem Maße von den Mitarbeitern. Zumindest solange sie mit dem Chef reden.

Da wird kein Projekt verloren gegeben, ehe es nicht tief am Meeresgrund liegt. Und kein Fehler ist so gravierend, als dass er nicht korrigiert oder besser noch in eine neue Stärke verwandelt werden könnte. Außerdem wächst sofort Gras drüber.

Und weil Mitarbeitern dauernd Fehler unterlaufen, sie Fristen überschreiten, Vorschriften ignorieren, sie das Blaue vom Himmel herunter versprechen, das dann doch dort oben bleibt, deswegen brauchen sie Satz 95. Jeder Vorgesetzte weiß, was er eigentlich zu bedeuten hat. Aber etwas dagegen sagen kann er erst mal nicht.

Welcher Satz kommt als nächstes?

Oft keiner mehr. Satz 95 war das letzte Pulver, das der Mitarbeiter nun verschossen hat.

96 Freitagmittag erwischen Sie da keinen mehr.

Wer sagt denn so was?

Antriebsschwache Mitarbeiter, die gerne darauf hinweisen, dass es hinter den sieben Bergen, bei den sieben Zwergen Mitarbeiter gibt, die noch tausendmal lahmer sind als sie. Und die gehen auch noch früher, weil sie später gekommen sind.

Was steckt dahinter?

Wie die psychologische Forschung zeigt, bilden wir unser Urteil durch Vergleiche. Das gilt in besonderem Maße für Urteile über Menschen. Vorgesetzte, die von einem Spitzen-team umgeben sind, schrauben ihre Erwartungen ins Uner-messliche. Um die Verhältnisse gerade zu rücken, sind diskrete Hinweise auf den eingeschränkten Arbeitseinsatz von andern sehr beliebt. Doch da es nicht so gut ankommt, die eigenen Kollegen anzuschwärzen, bezieht man sich besser auf die Verhältnisse in anderen Organisationen, mit denen man zu tun hat.

Genau das tut die Nummer 96. Und darüber hinaus hat sie noch den Vorteil, dass jede eigene Aktivität, die *nach* Frei-tagmittag noch zu beobachten ist, nun als eine Art Sonder-leistung erscheint. Aus diesem Grund treiben sich manche Mitarbeiter auch bevorzugt am späten Freitagnachmittag in der Nähe des Chefs herum, während alle schon „im Wochen-ende" sind.

97 Genau.

Wer sagt denn so was?

Mitarbeiter, die jede Bemerkung ihres Vorgesetzten damit quittieren, um zu signalisieren, dass es zumindest einen Menschen gibt, der ihm uneingeschränkt Recht gibt.

Was steckt dahinter?

Linguisten kennen die so genannten Hörersignale. Wenn jemand spricht, dann bleibt der andere nicht vollständig stumm, sondern lässt seinem Stimmapparat dann und wann ein kurzes „Hörersignal" entfahren. Das soll dem Redenden mitteilen: „Ich bin auf Empfang." Außerdem kann man sein Hörersignal so einfärben, dass der Redende weiß, wie sein Gegenüber das Gesagte aufnimmt: Neugierig, zustimmend, kritisch, amüsiert oder ablehnend. Die beliebtesten Hörersignale im Deutschen sind: hmm, mmmh, mhmh und hmhm? – weil sich die mit geschlossenem Mund intonieren lassen.

Die zweite Liga wird angeführt von „ja", gefolgt von „aha", „so", „richtig" und „genau". Die ersten drei können ganz unterschiedlich moduliert werden. „Richtig" und „genau" signalisieren hingegen bedingungslose Zustimmung. Und deshalb sagen manche am liebsten „genau", weil sie wissen, damit liegen sie richtig.

Was soll ich dazu sagen?

Reden Sie einfach weiter. Genau, einfach weiterreden.

98 Und an mir bleibt es wieder hängen.

Wer sagt denn so was?

Mitarbeiter, denen zu den hochfliegenden Plänen ihres Vorgesetzten wieder nur das eine einfällt – Satz 98.

Was steckt dahinter?

Vorgesetzte haben Ideen und machen Pläne. Mitarbeiter versuchen beides, sagen wir mal: sozialverträglich abzufedern. Dies kann stillschweigend geschehen. Oder aber jemand versucht, dem Vorgesetzten seine Chefideen auszureden. Denn Chefideen sorgen für großes Durcheinander und richten großen Schaden an. Zumindest unter den Mitarbeitern, denen in den Chefideen nur eine Rolle vorbehalten ist: Sie sind diejenigen, die die Chefideen „umsetzen" sollen.

Eine dritte Methode eröffnet sich durch Satz 98: Wer sich gegenüber seinem Vorgesetzten etwas Weinerlichkeit herausnehmen kann, der wehrt sich mit dieser unangenehmen Waffe. Da der Chef im Allgemeinen keine Lust hat, sich das Gejammer anzuhören, wird er bereits im Stillen umplanen, um genau diesen Fall, der schon jetzt beklagt wird, nicht eintreten zu lassen.

Was soll ich dazu sagen?

Nehmen Sie der Klage die Spitze durch ein versöhnliches: „Na, ein bisschen bleibt an uns allen doch immer hängen."

99 Meine Frau bringt mich um.

Wer sagt denn so was?

Männer in Notwehr.

Was steckt dahinter?

Manchmal verlangen Vorgesetzte einfach zu viel – bevorzugt von jungen, ambitionierten Mitarbeitern: Dieses und jenes muss noch fertig werden – und zwar „bis gestern", wie gerne mit verkniffenem Chefhumor angemerkt wird. Man soll sich übers Wochenende „in Bereitschaft" halten, falls ein Kunde anruft oder der Chef von einem kreativen Einfall heimgesucht wird, der sofort umgesetzt werden muss (ehe sich herausstellt, dass er nichts taugt).

Gegenwehr ist ausgeschlossen. Wer darauf hinweist, dass „jetzt Wochenende ist" oder dass er „Erholung braucht", der gehört nicht mehr zu den jungen Leuten, auf die weiterhin die Sonne des Wohlwollens scheint.

Es gibt nur eine Begründung, die nahezu von allen akzeptiert wird: Die Nummer 99 – die mordende Ehefrau oder Freundin, die diese ständige Überlastung einfach nicht mehr hinnimmt. Dabei spielt gewiss eine Rolle, dass die Vorgesetzten an ihre eigenen zerrütteten Erst-Ehen denken müssen.

Weibliche Mitarbeiter sind übrigens wieder mal im Nachteil: Wer sich darauf rausreden will, dass ihr Freund oder Ehemann durchdreht, bekommt allenfalls den guten Rat, den Kerl zu einem „Antiaggressionstraining" zu schicken.

100 Das ist nur mal ein erster Aufschlag.

Wer sagt denn so was?

Jüngere Mitarbeiter, die ihr Arbeitsergebnis präsentieren und befürchten, sie könnten sich blamieren, wenn sich herausstellt, dass sie daran emsig herumgefeilt haben.

Was steckt dahinter?

Es ist eine weit verbreitete Unart: Mitarbeiter legen ihre Arbeit vor – und noch ehe der Chef damit anfangen kann, sie runterzumachen, erledigen sie das lieber gleich selbst. Prophylaktisch sozusagen, damit die Kritik dann nicht mehr so weh tut.

Sie nennen das Ganze einen „Versuch" oder im Beraterjargon einen „ersten Aufschlag", was irgendwie professioneller klingt und an Tennis erinnert. Da geht der erste Aufschlag häufig ins Netz, aber der Spieler hat ja noch einen (siehe Nummer 73) – und erst dann zählt der Netztreffer.

Doch solche Erklärungen retten nichts und sie mildern auch nichts. Im Gegenteil: Wie soll der Chef eine Arbeit ernst nehmen, die ihm schon mit einer Entschuldigung überreicht wird?

Was soll ich dazu sagen?

Aufmunternd: „Die ersten sind sowieso immer die besten." Oder verblüfft: „Brauchen Sie etwa noch einen zweiten?"

101 Ich hab es nicht vergessen, ich habe nur nicht daran gedacht.

Wer sagt denn so was?

Mitarbeiter, die mitdenken, aber eben nicht an alles.

Was steckt dahinter?

Wer heute in einem Unternehmen arbeitet, der befindet sich in einem Zustand, den ein Autor, dessen Name mir gerade nicht einfällt, sehr drastisch als „Informationsoverkill" bezeichnet hat. Nicht nur Vorgesetzte, auch Kunden, Kollegen und Konkurrenten feuern ständig mit überaus wichtigen Informationen. Und wenn sie das nicht tun, dann wird es oft noch schlimmer. Denn dann muss man sich die fehlenden Informationen zusammenreimen.

Nun können wir uns ja maximal auf drei Dinge gleichzeitig konzentrieren (oder waren es fünf? Oder zwei?). Also müssen alle anderen Datenpakete erst mal ins Unbewusste einsortiert werden, um im Bedarfsfall wieder in den hellen Kegel des Bewusstseins zu gelangen. Doch je mehr man zu tun hat, umso seltener klappt das. Diese Sache lässt sich kaum besser formulieren als in Satz 101, der uns übrigens aus dem österreichischen Velden zugeschickt wurde, wo er mittlerweile zum geflügelten Wort geworden ist.

Was soll ich dazu sagen?

Lassen Sie diesen Satz einfach mal so stehen.

102 Sie wollten das doch so.

Wer sagt denn so was?

Mitarbeiter mit einem vielbeschäftigten Chef, der an ihrer Arbeit etwas auszusetzen hat.

Was steckt dahinter?

Nicht nur Mitarbeiter, auch ihre Vorgesetzten sind heutzutage häufig überlastet. Sie können nicht alles im Auge behalten und müssen doch ihren Laden im Griff haben. Vieles läuft parallel, noch mehr läuft überkreuz. Im Ergebnis führt das dazu, dass Chefs Ad-hoc-Entscheidungen treffen, die sie später mühsam rekonstruieren müssen. Und darin liegt die Chance der Mitarbeiter, korrigierend einzugreifen und eben das zu tun, was sie für richtig halten. Weil das nämlich sowieso das Allerbeste ist, meinen die Mitarbeiter.

Um ihre Lösung später vor dem Zugriff ihres mäkelnden Vorgesetzten zu schützen, halten sie ihm Satz 102 entgegen. Und dem Sinne nach ist das auch gar nicht so falsch und allenfalls halb gelogen.

Und doch müssen sie fast immer die Sache noch mal umarbeiten. Dafür haben sie aber klargestellt: Das war nicht mein Fehler, sondern Ihr Wunsch.

Was soll ich dazu sagen?

„Ich glaube eher: Sie wollten, dass ich das so wollte."

103 Das können wir nachher immer noch ändern.

Wer sagt denn so was?

Mitarbeiter, die sich von ihrem Vorgesetzten ein „Okay" holen wollen, obwohl der Einwände hat.

Was steckt dahinter?

Angeblich wollen Führungskräfte immer alles „vorantreiben", während die Mitarbeiter „bremsen" (siehe Nummer 89). Doch manchmal ist es genau anders herum: Der Mitarbeiter will weitermachen und wartet nur auf das „grüne Licht" seines Vorgesetzten. Aber der will, dass die Dinge gleich in der richtigen Spur laufen. Er prüft und hat jede Menge kleinliche Einwände (wie etwa „Das Logo steht an der falschen Stelle. So fängt es schon mal an.").

In solchen Situationen müssen sich Mitarbeiter mit Satz 103 die Freigabe erbetteln. Dabei versteht es sich von selbst, dass alles, was einmal in der Welt ist, nur noch schwer geändert werden kann.

Welcher Satz folgt später?

„Ändern? Aber das hatten wir doch so abgesprochen."

Zum Ende kommen

Das letzte Kapitel ist den Sätzen vorbehalten, die man braucht, um seinen Gesprächspartnern zu signalisieren: Jetzt ist Schluss. Dies kann auf höchst unterschiedliche Weise geschehen – je nachdem, wen man vor sich hat und in welcher Situation man steckt.

- Die beliebte Einleitungsfloskel ist „Ja, also dann..." (Nummer 104) ebenso vertreten wie die klassischen Gesprächsabbrecher „Wir telefonieren!" (Nummer 106) und „Man sieht sich!" (Nummer 109).

- Auch nicht fehlen durfte der unvermeidliche Schlusssatz vieler Vorträge „Vielen Dank für Ihre Aufmerksamkeit", ebenso wenig wie der ultimative Abschiedsgruß „Bis morgen in alter Frische" (Nummer 111).

- Und am Ende gilt auch für dieses Buch das beherzigenswerte Motto (das fast immer gelogen ist): „Man soll aufhören, wenn es am schönsten ist." (Nummer 110).

- In diesem Sinne „darf ich mich hier schon von Ihnen verabschieden" (Nummer 107).

104 Ja also, dann ...

Wer sagt denn so was?

Menschen, die allmählich ein erstes Signal aussenden wollen, dass es nun Zeit ist, sich zu verabschieden.

Was steckt dahinter?

Wenn man sich erst mal damit beschäftigt, ist Abschied nehmen eine ziemlich komplizierte Angelegenheit. Sie beginnt damit, dass einer der Gesprächspartner signalisiert: „Kommen wir langsam zum Ende." Und zwar zunächst sehr dezent. So können Sie auf Ihrem Stuhl schon mal nach vorne rücken, um anzudeuten: Mir ist ganz danach aufzustehen.

Eine der beliebtesten Floskeln ist die Nummer 104. Inhaltlich wird gar nichts ausgesagt. Aber das ist es ja gerade. Der Satz verebbt im Nichts, um anzudeuten, dass es nicht mehr viel zu sagen gibt.

Wenn Ihr Gesprächspartner alles richtig macht, dann nimmt er den Ball auf und äußert so etwas wie „Oh, schon 14 Uhr 30! Sie müssen zum Zug." Der Abschied kann sich dann noch ziemlich in die Länge ziehen. Das ist jedoch ein gutes Zeichen. Denn beide Seiten drücken damit aus, dass sie einfach nicht voneinander lassen können.

Ganz anders stellt sich der Fall dar, wenn der andere das Signal zum Abschiednehmen nicht versteht und normal weiterredet. Dann muss man deutlicher werden (siehe Nummer 106, 109, 111).

105 Wir könnten jetzt noch Stunden weiterreden ...

Wer sagt denn so was?

Leute, die feststellen, dass bei ihrem Gespräch nichts herauskommt.

Was steckt dahinter?

Es gibt Gespräche, die drehen sich im Kreis. Beide Seiten stellen ihren Standpunkt dar, von dem sie sich nicht einen Millimeter fortbewegen. Die eigenen Argumente werden wiederholt und wiederholt und wiederholt. Und die der Gegenseite einfach ignoriert.

Dann muss Satz 105 fallen, der dabei hilft, das Gespräch halbwegs friedlich zu beenden. Bisweilen wird Satz 105 aber auch herausgekramt, wenn man merkt, dass die andere Seite Oberwasser bekommt und es kritisch werden könnte. Dann kann man mit diesen Worten den Hals noch halbwegs glaubwürdig aus der Schlinge ziehen. Voraussetzung ist allerdings, dass der Satz so angewidert klingt, dass niemand mehr Lust verspürt, das Gespräch fortzusetzen.

Welcher Satz folgt als nächstes?

Ganz klassisch: „Ich kann Sie nicht überzeugen, Sie können mich nicht überzeugen. Also, beenden wir unser Gespräch."

106 Wir telefonieren.

Wer sagt denn so was?

Ungeduldige Menschen, die ihren Gesprächspartner loswerden wollen oder – in Ausnahmefällen – müssen.

Was steckt dahinter?

Der Satz für die harten Schnitte. Ist er einmal ausgesprochen, kann das Gespräch nicht mehr fortgesetzt werden. Denn man hat es bereits vertagt auf ein nicht näher bezeichnetes Telefonat, von dem der Sprecher natürlich hofft, dass es niemals stattfinden wird. Und wenn doch, dann ist die Nummer 50 oder 51 fällig.

107 Ich darf mich hier schon von Ihnen verabschieden.

Wer sagt denn so was?

Moderatoren, die den Schlussbeitrag anmoderiert haben. Betriebsangehörige, die Besucher herumgeführt haben und sie das letzte Stück alleine gehen lassen.

Was steckt dahinter?

Sollen doch andere für einen glänzenden Abschluss sorgen.

Welcher Satz folgt als nächstes?

„Viel Spaß noch!"

108 Vielen Dank für Ihre Aufmerksamkeit!

Wer sagt denn so was?

Menschen, die Vorträge halten, bei denen der Schlusssatz fehlt.

Was steckt dahinter?

Es ist der unvermeidliche Satz am Ende so vieler Vorträge und Präsentationen. Im schlimmsten Fall steht er sogar noch auf der letzten Powerpoint-Folie. Damit auch wirklich jeder merkt: Jetzt ist es überstanden, es kommt nichts mehr. Bitte Beifall spenden. Jawohl: spenden. Bitte.

Eigentlich sollte ja jeder Vortrag mit einem eigenen fulminanten Satz schließen, etwa mit einem Appell, einem kernigen Resümee oder wenigstens mit einem Zitat, das in den Zuhörern noch nachklingt. Doch wenn einem ein solcher Satz nicht eingefallen ist und der Vortrag ohnehin eher abreißt oder ausströpfelt, dann braucht man die Nummer 108, um noch halbwegs respektabel die Schlussmarke zu setzen.

Auch wenn die 108 unter Redeprofis als Todsünde gilt, so wird sie von den Zuhörern doch gleichmütig bis wohlwollend aufgenommen. Denn man kann auch schlimmer enden. Verbürgte Beispiele aus der Praxis: „So, ich bin jetzt fertig." Oder: „Ja, die Zeit ist auch schon rum, sehe ich gerade ..." Oder als missglückte Variante der 108: „Vielen Dank, dass Sie mir so lange zugehört haben."

109 Man sieht sich.

Wer sagt denn so was?

Leute, die sich kurz nach der Begrüßung schon wieder verabschieden.

Was steckt dahinter?

Auf Partys, Stehempfängen oder beim Smalltalk nach einer Veranstaltung stellt sich bei manchen Gesprächspartnern rasch die Frage: Wie wird man ihn wieder los?

110 Man soll aufhören, wenn es am schönsten ist.

Wer sagt denn so was?

Gäste, die früh aufbrechen und den Eindruck vermeiden wollen, sie gingen, um dem Tod durch Langeweile zu entgehen. Arbeitskollegen, die ihre Stelle aufgeben und noch einen versöhnlichen Satz loswerden wollen.

Was steckt dahinter?

Sogar wenn es ganz schön war, das meiste im Leben wird irgendwann schal, bitter oder langweilig. Darunter leidet dann auch der Abschied, der für alle Beteiligten peinlich werden kann. Um diesem Fall vorzubeugen, sollte man die Dinge rechtzeitig zu einem Ende bringen. Oder sich zumindest mit Nummer 110 aus der Affäre ziehen.

111 Bis morgen in alter Frische.

Wer sagt denn so was?

Arbeitskollegen, die sich bereits voneinander verabschiedet haben und sich noch einen letzten Satz hinterherrufen.

Was steckt dahinter?

Wie wir voneinander Abschied nehmen, das sagt auch etwas darüber aus, wie wir die Beziehung zueinander bewerten. Daher ist ein gelungener Abschied immer auch ein langer Abschied (siehe Nummer 104). Wir versichern einander, dass wir am liebsten noch zusammenbleiben würden. Und schaffen es kaum, uns loszureißen.

Zusätzlich wird der Abschied gemildert durch den Ausblick auf das nächste Zusammentreffen. Und wenn das schon morgen der Fall ist wie bei Nummer 111, dann können wir die Abschiedszeremonie entsprechend knapp halten. Wichtig nur, dass die Nummer 111 ganz am Ende kommt. Damit wir ganz beruhigt unserer Wege gehen können in der Gewissheit, den andern so schnell nicht los zu werden.

Wie bitte? Schon zu Ende?

Die 111 Sätze, die Sie gerade gelesen haben, sind nur eine kleine Auswahl. Und doch: Wenn Sie noch einen Satz vermissen, der in die Sammlung passt, mailen Sie ihn mir, unter info@noellke.de. In die Betreffzeile schreiben Sie bitte: „Vielen Dank an das gesamte Team". Vielleicht gibt es ja irgendwann eine Fortsetzung – in alter Frische.

Impressum

Bibliografische Information der Deutschen Nationalbibliothek
Die Deutsche Nationalbibliothek verzeichnet diese Publikation in der Deutschen Nationalbibliografie; detaillierte bibliografische Daten sind im Internet über http://www.d-nb.de abrufbar.

Print: ISBN: 978-3-648-02518-5 Bestell-Nr.: 00379-0001
ePub: ISBN: 978-3-648-02519-2 Bestell-Nr.: 00379-0100
ePDF: ISBN: 978-3-648-02520-8 Bestell-Nr.: 00379-0150

Matthias Nöllke
Vielen Dank an das gesamte Team!
111 unvermeidliche Sätze fürs Berufsleben
1. Auflage 2012, Freiburg

© 2012, Haufe-Lexware GmbH & Co. KG, Munzinger Straße 9, 79111 Freiburg
Redaktionsanschrift: Fraunhoferstraße 5, 82152 Planegg/München
Telefon: (089) 895 17-0
Telefax: (089) 895 17-290
Internet: www.haufe.de
E-Mail: online@haufe.de
Redaktion: Jürgen Fischer

Konzeption und Realisation: Sylvia Rein, 81371 München
Lektorat: Gisela Fichtl
Satz: Beltz Bad Langensalza GmbH, 99947 Bad Langensalza
Umschlag: Kienle gestaltet, Stuttgart
Druck: freiburger graphische betriebe, 79108 Freiburg

Alle Angaben/Daten nach bestem Wissen, jedoch ohne Gewähr für Vollständigkeit und Richtigkeit.
Alle Rechte, auch die des auszugsweisen Nachdrucks, der fotomechanischen Wiedergabe (einschließlich Mikrokopie) sowie der Auswertung durch Datenbanken oder ähnliche Einrichtungen, vorbehalten.

Der Autor

Dr. Matthias Nöllke

hat Kommunikationswissenschaften, Politik und Literaturwissenschaft studiert. Er ist seit vielen Jahren als Autor und Keynote-Speaker tätig, u. a. für den Bayerischen Rundfunk und für zahlreiche Unternehmen. Im Haufe Verlag sind von ihm zahlreiche erfolgreiche Ratgeber und Sachbücher erschienen.

Weitere Literatur

„Schlagfertig. Die 100 besten Tipps", von Matthias Nöllke, 256 Seiten, 6,90 Euro. ISBN 978-3-448-07985-2, Bestell-Nr. 00936

„Die Sprache der Macht. Wie man sie durchschaut. Wie man sie nutzt", von Matthias Nöllke, 203 Seiten. 19,80 Euro. ISBN 978-3-448-10123-2, Bestell-Nr. 00260

„Von Bienen und Leitwölfen. Strategien der Natur im Business nutzen" von Matthias Nöllke. 304 Seiten. 19,80 Euro. ISBN 978-3-448-09070-3, Bestell-Nr. 00243

Haufe TaschenGuides
Kompakte Informationen zum kleinen Preis

Der Betrieb in Zahlen

- ABC des Finanz- und Rechnungswesens
- Balanced Scorecard
- Betriebswirtschaftliche Formeln
- Bilanzen
- BilMoG
- Buchführung
- Businessplan
- BWL Grundwissen
- BWL kompakt
- Controllinginstrumente
- Deckungsbeitragsrechnung
- Einnahmen-Überschussrechnung
- Englische Wirtschaftsbegriffe
- Finanz- und Liquiditätsplanung
- Finanzkennzahlen und Unternehmensbewertung
- Formelsammlung Betriebswirtschaft
- Formelsammlung Wirtschaftsmathematik
- IFRS
- Kaufmännisches Rechnen
- Kennzahlen
- Kontieren und buchen
- Kostenrechnung
- So funktioniert die Wirtschaft
- Statistik
- VWL Grundwissen

Mitarbeiter führen

- Besprechungen
- Delegieren
- Checkbuch für Führungskräfte
- Führungstechniken
- Die häufigsten Managementfehler
- Management
- Mitarbeitergespräche
- Moderation
- Motivation
- Neu als Chef
- Projektmanagement
- Qualitätsmanagement
- Spiele für Workshops und Seminare
- Teams führen
- Workshops
- Zielvereinbarungen und Jahresgespräche

Karriere

- Assessment Center
- Existenzgründung
- Gründungszuschuss
- Jobsuche und Bewerbung
- Vorstellungsgespräche

Geld und Specials

- Sichere Altersvorsorge
- Börse
- Energie sparen im Haushalt
- Geldanlage von A-Z
- Immobilien erwerben
- Immobilienfinanzierung
- Meine Ansprüche als Rentner
- Eher in Rente
- Web 2.0
- Zitate für Beruf und Karriere
- Zitate für besondere Anlässe

Persönliche Fähigkeiten

- Ihre Ausstrahlung
- Burnout
- Business-Knigge
- Mit Druck richtig umgehen
- Emotionale Intelligenz
- Entscheidungen treffen